독자의 1초를 아껴주는 정성!

세상이 아무리 바쁘게 돌아가더라도
책까지 아무렇게나 빨리 만들 수는 없습니다.
인스턴트 식품 같은 책보다는
오래 익힌 술이나 장맛이 밴 책을 만들고 싶습니다.

길벗은 독자 여러분이
가장 쉽게, 가장 빨리 배울 수 있는 책을
한 권 한 권 정성을 다해 만들겠습니다.

독자의 1초를 아껴주는
정성을 만나보십시오.

· ·

미리 책을 읽고 따라해본 2만 베타테스터 여러분과
무따기 체험단, 길벗스쿨 엄마 2% 기획단,
시나공 평가단, 토익 배틀, 대학생 기자단까지!
믿을 수 있는 책을 함께 만들어주신 독자 여러분께 감사드립니다.

홈페이지의 '독자마당'에 오시면 책을 함께 만들 수 있습니다.

(주)도서출판 길벗 www.gilbut.co.kr
길벗 이지톡 www.eztok.co.kr
길벗스쿨 www.gilbutschool.co.kr

하루 한 시간,
엄마의 시간

하루 한 시간, 엄마의 시간

초판 1쇄 발행 | 2018년 5월 28일
초판 3쇄 발행 | 2018년 9월 5일

지은이 | 김지혜
발행인 | 이종원
발행처 | (주)도서출판 길벗
출판사 등록일 | 1990년 12월 24일
주소 | 서울시 마포구 월드컵로 10길 56(서교동)
대표 전화 | 02)332-0931 | 팩스 · 02)323-0586
홈페이지 | www.gilbut.co.kr | 이메일 · gilbut@gilbut.co.kr

기획 및 책임편집 | 오시정(sjoh14@gilbut.co.kr), 최준란 | 표지 디자인 · 강은경 | 본문 디자인 · 페이지트리
일러스트 · 김상미(해그린달) | 제작 · 이준호, 손일순, 이진혁 | 영업마케팅 · 진창섭, 장봉석 | 웹마케팅 · 박정현, 구자연
영업관리 · 김명자 | 독자지원 · 송혜란, 정은주

교정 · 장도영 프로젝트 | 전산편집 · 페이지트리
독자기획단 4기 · 문진영, 우보현, 이미진, 이수연, 이연곤, 이희주
CTP 출력 및 인쇄 · 상지사 | 제본 · 경문제책

ISBN 979-11-6050-481-1 03590
(길벗 도서번호 050130)

독자의 1초를 아껴주는 정성 길벗출판사

‖‖ (주)도서출판 길벗 ‖‖ IT실용, IT/일반 수험서, 경제경영, 취미실용, 인문교양(더퀘스트), 자녀교육 www.gilbut.co.kr
‖‖ 길벗이지톡 ‖‖ 어학단행본, 어학수험서 www.eztok.co.kr
‖‖ 길벗스쿨 ‖‖ 국어학습, 수학학습, 어린이교양, 주니어 어학학습, 교과서 www.gilbutschool.co.kr

‖‖ 엄마마음 페이스북 ‖‖ www.facebook.com/gilbutmommind
‖‖ 페이스북 ‖‖ www.facebook.com/gilbutzigy
‖‖ 트위터 ‖‖ www.twitter.com/gilbutzigy

〈독자기획단이란〉 실제 아이들을 키우면서 느끼는 엄마들의 목소리를 담고자 엄마들과 공부하고 책도 기획하는 모임입니다. 엄마들과 함께 고민도 나누고 부모와 아이가 함께 행복해지는 자녀교육서, 자녀 양육과 훈육의 실질적인 지침서를 만들고자 합니다.

하루 한 시간, 엄마의 시간

삶과 육아의 균형을 되찾는다

김지혜 지음

길벗

　말 잘 듣고 정말 자~알 나가던 저의 고3 아들, 고2 딸이 비슷한 시기에 자퇴를 선언하고 방에 틀어박혀 게임 중독, 미디어 중독으로 폐인이 되어가던 때 저는 말로 표현할 수 없는 고통과 절망의 나날들을 보냈습니다. 모든 것이 아이들의 잘못이라고 생각했는데 뼈를 깎는 노력 끝에 내가 무자격 엄마였음을 깨닫고 아이들을 있는 그대로 인정하게 되었습니다. 그제야 아이들은 방에서 나왔고, 자기 길을 찾아 행복해졌습니다. 저는 아이들을 위해 최선을 다했지만 그것이 저만의 방식이었다는 것을 뒤늦게서야 가슴 절절하게 깨달았습니다. 제가 아이를 낳아 처음 키울 때부터 아이와 내가 함께 행복할 수 있는 유자격 부모로서의 방법을 알았다면 얼마나 좋았을까요? 그래서 이 책이 반갑습니다. 이 책은, 이제 막 부모가 된 초보 엄마들이 자신의 존재와 만날 수 있도록 도와줍니다. 이 책에서 안내한 대로 매일 조금씩 온전한 자기와 만나는 시간을 갖는다면 엄마들이 행복해질 것이고 더불어 아이들도 행복해질 것입니다. 언젠가 엄마가 될 사랑하는 저희 딸에게도 선물해주고 싶은 의미 있고 고마운 책입니다.

- 이유남(서울 명신초등학교 교장,《엄마 반성문》저자)

여성은 남성과 달리 엄마가 되는 순간 모든 게 달라집니다. 뇌부터 '자기 뇌'에서 '엄마 뇌'로 바뀌죠. 일을 하든 쉬고 있든 늘 아이를 신경 쓰게 되고, 언제든지 달려갈 수 있는 대기 상태로 하루를 보냅니다. 자기도 모르게 '나'는 사라지고 모든 게 아이 위주로 뒤바뀌는 것이죠. 그렇기에 힘들어 허덕거리면서도 육아와 관련된 모든 것을 떠안게 되고, 해도 해도 끝이 없는 과잉양육에 빠지기 쉽습니다. 이는 결국 소진과 육아우울증으로 이어집니다. 어렵지만 엄마에게 필요한 것은 아이를 돌보면서도 자신을 돌볼 줄 아는 지혜입니다. '하루 종일 아이를 돌보는 것도 벅찬데 나 자신까지 돌보라고? 그게 과연 가능한 이야기일까?' 이 책의 저자는 그 핵심을 '협력양육cooperative breeding'과 '자기 시간 갖기'에서 찾고 있습니다. 그 이야기에 절로 고개가 끄덕여지고 신뢰가 가는 것은 저자 자신의 살아 있는 육아 경험과 '초보 부모 전문 코치'로서 수많은 엄마 코칭 경험이 녹아 있기 때문일 것입니다. 처음 부모가 된 이들에게 이 책을 권합니다.

－ 문요한(정신건강의학과 전문의, 《굿바이, 게으름》 저자)

하루 24시간 중 오직 나만을 위한 시간은 얼마나 될까요? 아니, 과연 있기나 한 걸까요? 아이를 위해 자기 시간을 포함한 모든 것을 쏟아부어야 하는 초보 엄마는 이러한 상황이 뿌듯하면서도 당혹스럽고, 행복하면서도 불행합니다.

이 책은, 행복한 아이로 키우고 싶다면 엄마가 먼저 '나만의 시간'을 통해 행복한 엄마가 되어야 한다고 말합니다. 경험상 '엄마의 시간'은 엄마에게도 아이에게도 반드시 있어야 할 숨구멍입니다. 하지만 엄마와 아이 모두를 살리는 이 시간은 엄마가 악착같이 챙기지 않으면 절대 만들어지지 않습니다. 때로는 이기적인 것 같고, 때로는 이게 맞는 건가 싶지만 긴 시간 동안 이어가야 할 육아를 행복하게 하고 싶다면 반드시 확보해야 합니다. 좌충우돌 시행착오를 겪느라 나 자신까지 잃어버리고 사는 초보 엄마들에게 행복한 엄마, 행복한 내가 될 수 있게 해주는 이 책을 적극 추천합니다.

- 이수연(한국워킹맘연구소 소장, 《일하면서 아이를 잘 키운다는 것》 저자)

엄마는 어떤 사람이어야 할까요? 현명하고 따뜻한 엄마가 되라는 사회적 요구와 전혀 예측할 수 없는 아이의 초개인적 요구 사이에서 이 땅의 초보 엄마들은 혼란스럽습니다. 이 책의 저자 김지혜 코치는 '엄마는 자기 자신이 되어야 한다'고 말합니다. 외부에서 엄마들에게 부과한 책임과 강요를 따르는 것이 아니라 엄마 자신의 감정과 욕구에 귀를 기울이라고 말이죠.

이렇게 힘주어 말할 수 있는 이유는 그녀 자신이 '엄마의 시간'을 통해 '나 자신 되기'를 가장 성실히 실천하고 그 효과를 체험한 주인공이기 때문입니다. 육아가 일에 보탬이 되고, 일이 육아를 돕는 기적을 김지혜 코치는 만들어냈습니다. 좋은 엄마가 되는 가장 확실한 방법은 행복한 자기가 되는 것임을 자신의 삶으로 증명한 것입니다.

그렇기에 이 책은 엄마들의 고민과 아픔을 절절히 공감하면서 따뜻하게 성장을 독려하고 한 걸음 내디딜 용기를 내게 하는 지혜로 빛이 납니다. 외롭고 고단한 주위 엄마들 모두에게 이 책을 선물하고 싶습니다.

— 조정화(맘편한코칭센터 대표)

아이를 키운다는 건 끝없는 싸움입니다. 자신과의 싸움, 그 속에서 살아남으려면 먼저 '나만의 시간'을 확보해야 합니다. 저자는 엄마들의 코치로서 육아에 지친 마음을 섬세하게 위로하고, 어떻게 자신을 돌봐야 하는지를 친절하게 인도하고 있습니다. 이 책이 엄마가 된 모든 분들의 좋은 친구가 되길 바랍니다.

- 김태은(맘스라디오 대표)

모든 육아서에서 가장 강조하는 '엄마가 행복해야 아이가 행복하다'는 그 한마디를 감정의 파도타기로 고단한 엄마들에게 머리가 아닌 가슴으로 느낄 수 있도록 친절하게 이끌어주는 책입니다.

토닥토닥 따뜻한 응원과 함께 지혜 코치님이 알려주시는 그 방법을 하나하나 만나보시길 액션맘이 적극 추천합니다.

엄마가 '나만의 시간'을 내면 온 가족이 행복해집니다!

- 심소영(육아 팟캐스트 〈나는 엄마다〉 운영자, 《나는 엄마다》 저자)

일은 자기를 구성하고 만나는 어쩌면 가장 강력한 방법입니다. 많은 엄마 역시 일을 통해 다시 자기를 만나고 확인하기를 희망합니다. 하지만 한동안 '엄마'로만 살아온 시간은 다시 '나'로 돌아가는 것을 두렵게 하고 주저하게 만듭니다.

《하루 한 시간, 엄마의 시간》은 엄마로 살아온 시간 속에 숨겨진 지혜를 찾아내 원하는 자신을 경험할 수 있는 방법을 마치 코칭을 받듯 전해줍니다. 힘들었지만 기쁨의 시간이었고, 흔들렸지만 쓰러지지 않는 힘을 키우는 시간을 보냈던 엄마들에게 이제 그 힘을 세상에 멋지게 꺼내는 방법을 담백하지만 깊이 있게 전해주는 책입니다. 다시 일하기를 희망하는 엄마들에게도 이 책을 선물하고 싶습니다.

- 이재은(여자라이프스쿨 대표,《다시 일이 그리워질 때》저자)

눈 뜨고 보니 엄마가 되었습니다. 하루 24시간 나를 위해 존재하던 시간은 아이만 보기에도 부족한 시간으로 바뀌었습니다. 엄마의 삶에 적응하려 버둥대다 문득 고개를 들어보니 거울 속 나는 참 볼품이 없습니다. 불행하지는 않지만 행복하다고도 말 못하겠습니다. 내 힘든 상황을 헤아려주는 단 한 사람이 참 절실했었습니다. 그래서인지 책에서 마음이 이어지는 대목에서 참 오래 머물렀습니다.

전문가들은 엄마의 행복이 우선이라 말하지만, 정작 그 방법을 알려주진 않습니다. 엄마의 행복, 어떻게 찾을 수 있을까요?

이 책은 누구의 조언보다 따뜻하고 명쾌합니다. 선배맘으로서 다독이며 전문 코치로서 선명한 길을 제시합니다. 초보 엄마인 당신에게, 어떤 육아서보다 도움이 될 단 한 권의 책입니다.

- 이영실(엄마일연구소 대표)

어린아이들과 함께 하는 사람들을 '돌보는 이'라고 합니다. 물론 돌봄의 대상은 '아이들'입니다. 우리 사회는 이 역할을 대부분 아이를 낳은 '여성'들이 도맡다시피 합니다. '엄마'라고 불리는 이들입니다. '나' 아닌 다른 이를 '내 삶의 중심'에 놓고 돌보는 일이 쉬울 리 없습니다. 그래서인지 엄마 된 이들은 툭 건드리기만 해도 눈물이 주르륵 흐릅니다.

《하루 한 시간, 엄마의 시간》은 눈물을 흘려도 좋다고 해주고, '충분히 잘하고 있다'고 격려해주고, 숨 쉴 수 있는 작은 틈을 열어 큰 세계를 보여줍니다. 이 책을 읽으면서 실천 가능해 보이는 지점들을 따라가다 보면 어느새 아이와 다시 아웅다웅하며 '서로 돌봄'으로 나아가는 힘을 얻을 수 있으리라 생각합니다. 곧 부모가 되는 남동생과 그의 짝꿍에게 선물하고 싶은 책입니다.

– 이현주(냇물아 흘러흘러 공간운영자)

하루 한 시간이
선물하는 기적

따르르르릉.

전화기 너머로 한껏 고양된 목소리가 들려온다. "코치님, 저 지금 엄마한테 아이 맡기고 카페에 왔어요. 두 시간 동안 앉아서 올해 방향을 세워봤는데요. 너무 좋아요!" 두 돌 반, 예민한 아들을 키우는 초보 엄마 미애씨의 목소리는 신이 나서 훨훨 날아갈 것 같았다.

그녀는 아들에게 지극정성인 보통 엄마다. 아이가 잘 안 먹어서 인터넷을 뒤지며 요리를 했고, 아이 마음을 읽어주려고 부모교육도 쫓아다녔다. 아이를 종일 혼자 보느라 체력적으로 심리적으로 지쳤지만 아이가 적응하지 못할까봐 기관에도 보내지 않고 있었다. 그렇게 하고서도 '충분히 좋은 엄마'라고 확신하지 못했고, '더 좋은 엄마'가 되어야 한다는 생각은 지속되었다. 그랬던 그녀가 조금씩 '딴짓'을 시작했다. 밤 9시가 되면 슬그머니 나가서 운동을 하고, 휴학했던 사이버대학교를 다시 등록하고, 일도 다시 시작했다. 그리고 지금은 육아와 일을 하면서 자신도 돌보는 삶을 살고 있다.

한편 유선 씨는 세 아이를 키우면서도 삶의 리듬과 방향을 스스로 조율하며 산다. 첫째를 키우면서는 독서 모임을 이끌고 우쿨렐레 강사 과정을 이수해서 엄마들과 공연도 다니다가, 둘째가 태어나면서는 체력과 시간을 고려해 지역 내 활동에 집중했다. 셋째를 출산한 지금은 육아에 전념하면서 홈 요가와 글쓰기로 자신의 몸과 마음을 돌보고 있다. 그녀가 폭풍 같은 육아의 한가운데서도 삶의 리듬을 유지하고 나아가 더욱 자기다워진 비결은 무엇일까?

답은 '나만의 시간'이었다. 그들은 바쁜 일상 속에서도 잠깐 짬을 내서 마음의 소리를 들으며 자신이 원하는 것을 알아차리고 스스로 채우려고 노력했다. 더 나아가 원하는 미래의 모습을 그려보고, 그렇게 되기 위해 현재 무엇을 할지 찾는 시간을 가졌다. 그들을 보면 참 뿌듯하다. '엄마의 시간을 가져라'라고 외치고 다닌 보람이 쑥쑥 솟는다.

이렇게 엄마들을 부추기고 다니는 나는 여느 엄마와 다를 바 없는 평범한 대한민국 엄마다. 오늘도 '엄마랑 놀고 싶다'며 늑장 부리는 아이를 달래고 얼러서 어린이집에 보내고 책상 앞에 앉아 이렇게 글을 쓰고 있다. 내가 남들과 다른 점이 있다면 육아를 하면서도 악착같이 내 시간을 가졌다는 점이다. 그 시간이 육아의 질을 높여주었고, 일을 할 수 있게 해주었고, 빛나는 미래에 대한 희망을 주었다.

그렇게 되기까지 쉽지 않은 길을 걸어왔다. 사실 나는 일 중심적이고 성취 지향적인 사람이지만 임신을 위해 좋아하던 일도 그만두고 집에서 쉬며 갖은 노력을 다하며 지냈다. 소중한 아기는 임신을 시도한 지 이 년을 꼬박 채우고서야 의학의 도움을 받아 찾아왔다. 기다렸던 아기를 만나게 될 기대감에 들뜬 채 진통을 이겨내고 자궁을 혼자 힘으로 헤쳐 나온 아기에게 부드러운 조명 아래에서 편지를 읽어주는 '완벽한 출산'을 계획했지만 수포로 돌아가고, 제왕절개 후 수술대 위에서 아기를 맞았다. 하반신이 마취된 상태에서 아기가 내 품에 안겼을 때 감격이 밀려왔지만 마음 한편에는 후회와 자책이 가득했다. '내가 조금만 더 참을걸.' 의사와 남편의 권유를 물리치지 못하고 수술에 응해버린 내가 한심했다. 그후로도 초보 엄마의 실수와 자책은 계속되었다. 특히 조리원에서는 순둥이 같던 아이가 집에 오니 잠을 못 자고 계속 울었는데 십여 일이 지나서야 요로감염에 걸린 것을 안 일은 지금 생각해도 '어떻게 된 엄마가 애 아픈 것도 몰라!' 하고 나를 자책하게 만든다.

다시 실수하지 않기 위해 나는 아기만 보았다. 남편은 바빴고 양가 부모님은 멀리 사셔서 나만 아기를 보았기에 더욱 열심이었다. 두 시간 간격으로 밤잠을 깼고, 아이 이유식 먹이다 보면 내 밥은 어디로 먹는지 모르게 하루가 흘렀다. 아기와 나 둘만 있는, 일 년간의 육아가 휘리릭 지나갔다. 돌잔치를 마치고 나서야 긴장이 풀렸다. 요로감염으로 인한 선천적 기형 가능성도 문제없다는 결론이 났고, 제왕절개에 대한 후회도 옅어졌고, 육아도 손에 조금 익었다. 그제야 바깥과의 접촉을 시도했다. 친구도 사귈 겸 육아 모임에 나가본 것이다. 소개 시간에 "출산 전에 코칭을 했다"고 말했더니 강의를 해달라고 해서 오랜만에 '대화법' 강의를 했는데, 반응이 좋았다.

아이를 낳기 전까지 내 직업은 '코치'였다. 코치는 상담사와 비슷하게 개인의 성장과 변화를 돕는 일을 하지만, 과거의 상처 치유가 아닌 미래 설계와 행동 변화에 중점을 둔다는 점이 상담사와 다른 점이다. 천직이라고 생각할 정도로 코칭이라는 일을 아주 좋아했고, 코치로서 즐겁게 열심히 일하다 보니 어느새 직장 다닐 때보다 두 배의 수입을 벌게 되었다. 그러나 신나고 당당하게 일했던 것도 잠시, 육아는 기존의 일과 관계, 모든 것을 중단시켰다. '나'와 동일시했던 것들이 모두 사라지고 '엄마 역할'만 남으니 나도 모르게 아이에게 매달렸다. 누가 정한 것인지도 모르는 높은 '좋은 엄마'의 기준에 나를 맞추려 했고, 완벽한 엄마가 되어야만 한다는 강박에 사로잡혔다. 엄마들 모임에 나가다 보니 그런 내가 선명하게 보였다. 뭔가 변화가 필요했다.

혼자 시작하기엔 자신이 없어 어느 육아 카페에 충동적으로 글을 썼다. "제가 매달 3시간씩 코칭 워크숍 재능 기부할게요. 변하고 싶은 엄마들 모이세요." 그래서 2013년 12월 30일, 우리 집 거실에 열 명의 엄마와 열 명의 아기가 모이게 되었다. 〈응답하라 1994〉를 패러디해 'Enjoy 2014, 엔사'라고 모임의 이름을 만들고, 아수라장 같은 좁은 거실에서 지나온 일 년을 돌아보고 앞으로의 일 년을 계획했다. 우리는 매달 한 번, 세 시간씩 만났다. 서로의 고민과 꿈을 나누는 과정에서 오는 충만감은 다음 달까지 버티는 힘이 되었다.

엔사를 이끈 일 년 동안은 내 인생 최초로 활기와 생동감이 오래 유지되었다. 아기가 깨어 있을 때는 아기 돌보고 살림하느라, 아기가 자는 동안은 읽고 쓰고 워크숍 준비하느라 시간을 금같이 썼고, 시간을 어떻게 썼는지 기록을 남겼다. 아기가 잘 때면 설거지거리가 쌓여 있어도 모르는 척하고 '나만의 시간'을 가졌다. 주로 새벽에 일어나 일기를 적고, 글을 쓰고, 책을 읽었다. 몸과 마음이 피곤할 땐 쉬었고, 앞날이 아득할 땐 미래를 구상하는 시간을 보냈다. 연말에 돌아보니 일 년 동안 34권의 책을 읽었고, 97편의 글을 써서 블로그에 올렸고, 7편의 칼럼을 썼다. 뿌듯했다. 이십 대부터 가졌던 새벽 기상과 독서에 대한 로망을 엄마가 되고서야 이뤘으니까.

그 이후론 무슨 일이 있어도 '나만의 시간'을 꼭 챙겼다. 바쁘면 하루 십 분이라도, 며칠 빠지면 일주일에 한 시간이라도 잠시 멈춰 나를 살피는 것이 하나의 의식처럼 자리잡았다. 오 년이 흐른 지금 '나만의 시간'은 진화, 발전해서 단순히 읽고 쓰는 시간을 넘어 나의 중심을 지켜주고 삶의 방향을 선명히 비춰주고 있다. '온전한 나로 돌아가는 하루 한 시간', 그 시간 덕에 나의 오늘은 어제보다 매일 나아지고 있다.

지금 나는 일곱 살 아이의 엄마로, 1인 여성 CEO로, 글과 강의로 여성들의 존재를 깨우는 코치로, 무엇보다 나 자신을 깊이 신뢰하고 사랑하는 한 사람으로서 삶을 가꾸어가고 있다. 그 거대한 변화의 시작은 단순했다. 하루 한 시간, 온전히 나를 위해 쓴 것.

그 여정을 엄마들과 나누고자 이 책을 썼다. 이 책에서 '엄마로 산다는 것'의 새로운 모델을 제시하고 싶다. 여러 역할 사이에서도 온전한 나로 살아가는 법을 안내하고자 한다.

육아는 전쟁이 아니다. 전쟁은 적과 싸우는 것인데, 육아에는 싸울 적이 없으니까. 그럼에도 불구하고 많은 엄마가 '전쟁 같은 육아'라고 말하는 건 육아를 하는 엄마들의 현실이 그만큼 팍팍해서다. 힘든 나머지 아이와 남편을 상대로 날카로운 창을 들고 싸우고, 밤이면 자책하는 엄마들. 그 전쟁을 끝내는 길은 자기 자신을 돌보고 사랑하는 것이다.

부디 이 책이 외롭고 지친 수많은 초보 엄마들에게 가 닿기를 바란다. 그들이 육아 전쟁에서 벗어나 육아라는 거대한 파도를 서핑하듯 넘나들며 온전한 자신을 되찾기를 진심으로 바란다.

〈하루 한 시간, 나만의 시간〉은 '온전한 나'와 만나는 하나의 의식이다. '온전한 나'는 엄마도, 아내도, 며느리도, 딸도 아니다. 이 모든 역할을 아우르고 관장하는 더 큰 '나'이다. 타고난 기질도 환경의 영향을 받아 형성된 성격도 넘어서는 존재이며 남이 아는 나, 내가 아는 나도 넘어서는 존재이다. 상처입었지만 상처를 훌훌 털어낼 수 있는 힘, 실패했지만 실패에서 배움을 얻어내는 힘, 넘어졌어도 다시 일어설 수 있는 힘을 가진 존재다. '온전한 나'는 아직 열매 맺지 않았지만 그 가능성을 모두 가진 씨앗이다. 그 씨앗을 만나려면 부모와 세상이 씌운 껍데기를 벗고 자기 안의 진실한 목소리를 들어야 한다. 〈하루 한 시간, 나만의 시간〉은 '온전한 나'의 삶에 대해서 돌아보고 설계하는 시간이고, 좋아하는 것과 잘하는 것을 실험해볼 시간이고, 무엇에 행복해지는지 자기가 간절하게 원하는 것이 무엇인지 찾고 채워줄 시간이다. 삶이란 '진짜 나'를 찾아가는 과정이 아니던가. 어제보다 조금 더 나다워진다면 그것이 잘사는 것이다.

차례

CHAPTER 1
'내'가 없는 하루 24시간

CHAPTER 2
하루 한 시간, 나를 돌보는 시간

CHAPTER 3
나만의 한 시간을 만드는 법

CHAPTER 4
미래를 그리는 셀프코칭 5단계

CHAPTER 5
하루 한 시간이 만들어낸
그녀들의 변화

'내'가 없는
하루 24시간

혼자서 발을 동동,
쪼개진 시간들

깜빡깜빡, 내 정신이 내 것이 아니다

아이가 다섯 살 때의 일이다. 어느 날 자전거가 사라졌다. 아파트 현관에 세워둔 자전거가 안 보였다. 언제부터 없었을까, 기억을 더듬어 닷새 전에 썼던 것까지 겨우 기억을 해냈다. 아이를 등하원시킬 때 쓰고 어디에 세워뒀겠지 싶어 주변 버스정류장과 어린이집 인근을 이틀에 걸쳐 뒤져보았지만 자전거는 보이지 않았다. 다른 곳에 세워둔 게 아니라면 누가 훔쳐간 게 분명하다. 아파트 관리실에 물어 CCTV를 확인해보았다.

자전거가 없어졌을 법한 날짜를 이틀로 좁혀 CCTV를 돌려보았다. 십 분쯤 보다 보니 이틀치를 다 보기가 까마득하게 느껴졌다. 마치 수사관이 된 양 머리를 굴려 '사건 발생 시점'을 나흘 전 낮 12시와 1시 사이로 좁

했다. 12시 영상을 36배속으로 돌려보았다. 12시 23분경에 누군가가 자전거를 가지고 나가는 장면이 빠르게 지나갔다. 범인을 잡았다! 되감기를 해서 정상 속도로 돌려보았더니, 이게 웬일인가. 자전거를 가지고 나간 사람은 나였다.

가만, 내가 이 날 왜 자전거를 가지고 나갔지? 도무지 기억이 없었다. 영상 속 나는 십오 분쯤 뒤에 자전거 없이 까만 봉지를 가슴에 안고 아파트 현관을 들어서고 있었다. 소름이 돋았다. 자전거를 '훔쳐간' 것이 나라는 사실이. 게다가 나의 그런 행동이 전혀 내 기억에 없다는 사실이.

결국 자전거는 집 근처 마트 앞에서 찾았다. 나흘간을, 나도 남편도 수차례 지나다닌 그곳에 우리 자전거가 버젓이 서 있었다. 자전거를 타고 마트에 가서 장을 보고는 자전거의 존재를 까맣게 잊고 봉지 하나 덜렁 들고 터벅터벅 걸어 집에 온 것이다. 이 모험담을 주변 엄마들에게 얘기했더니 그들은 더 놀라운 에피소드들을 들려주었다. 장 본 물건을 계산대에 그대로 두고 아이만 데리고 집에 온 일, 딸 둘과 가로수길에 놀러갔다가 유모차를 두고 온 일까지. 웃기지만 기쁘게 웃을 수만은 없는 에피소드들이었다. 얼마나 바쁘고 정신없었으면 자전거를, 장 본 물건을, 유모차를 까맣게 잊을 수 있는 것일까?

잘게 쪼개진 시간들, 몰입도 휴식도 없다

엄마로서 지내는 하루하루는 직접 겪어보지 않으면 믿을 수 없을 만큼 바쁘다. 예를 들면 이런 식이다.

아침에 일어나 밥을 차리고 먹이고 치우고, 아이를 씻기고 양치시키고 입히고, 느릿느릿한 아이 닦달해서 등원을 시키고 돌아오면 한숨돌릴 틈도 없이 설거지와 청소가 이어진다.

일을 하려고 컴퓨터 앞에 앉아도 수시로 급하고 자잘한 일들이 밀고 들어온다. 조카 생일선물 주문, 도서 대여기간 연장, 어린이집 보육료 결제, 인터넷으로는 주문할 수 없는 긴급한 생활용품 사러 다녀오기, 아이 놀이 약속 확인 등등. 점심은 냉장고에서 반찬 몇 개 꺼내 간단히 해치우고, 방바닥에 엉덩이 한번 안 붙이고 일했건만 금세 아이가 돌아오는 시간이 된다.

엄마의 시간은 성격이 제각각인 일들로 빼곡히 채워져 있다. 파편화되고 잘게 쪼개진 일들의 연속이어서 중요한 일에 집중하기란 참 어렵다. 그래서 늘 초조하게 동동거린다.

아이와 함께일 때는 바쁨과 긴장이 배가 된다. 아이의 계속되는 요구에 대응해줘야 하기 때문이다. 잠시 일이 없는 순간이 와도 마음은 일을 한다. 잊어버린 일이 없는지 생각하느라 말이다.

그래서 엄마들은 멀티 플레이어가 될 수밖에 없다. 그 결과 한 가지

일에 몰입하기가 어렵다. 세계적인 몰입 연구의 선구자 미하이 칙센트미하이에 따르면 남자들은 평균적으로 한 번에 1.5가지 일을 하고, 여자들, 특히 엄마들은 한 번에 5가지 정도의 일을 하면서 머릿속으로는 2~3가지의 다른 일들을 생각하거나 계획한다고 한다. 여자들의 시간은 남자들의 시간에 비해 잘게 쪼개져 있고, 역할 과부하와 책임감, 업무 밀도 모두 남자들보다 더 크다.

특히 일하는 엄마라면 그 정도가 더 심하다. 무언가에 몰입하려면 온전히 집중하고 방해받지 않아야 하는데, 동시에 여러 가지 일을 한꺼번에 처리해야 하는 엄마들의 경우 그것이 거의 불가능하기 때문이다. 그래서 칙센트미하이는 "여자들은 한순간도 자신의 외부 세계나 내부 세계를 온전히 경험하지 못하며 현재에 충실한 삶을 살기가 굉장히 어렵다"고 말한다.

초보 엄마들의 몸과 마음은 편할 날이 없다. 출산 후 일 년간은 자신의 건강을 돌보지 못하고, 사람들을 만나지 못하고, 숙면과 멀어지고, 식사도 제때 하지 못한다. 한가롭게 책을 뒤적이고 영화관을 거니는 여유는 넘보지 못할 사치가 된다. 똑똑하고 갖춰 입고 살뜰히 자기를 챙기던 '여자'는 사라지고, 대충 먹고 대충 입고 항상 피곤하고 오로지 아이만 바라보는 '엄마'만 남는다.

엄마로 산다는 것, 세상에서 가장 행복한 두려움

엄마가 되면 아파서 골골거리면서도 아이를 위해 몸을 일으켜 밥을 짓는다. 나만 바라보는 한 생명체를 온전히 책임지는 것이 얼마나 무겁고 동시에 존엄한 일인지를 배운다. 그러면서 무조건적인 사랑이 무엇인지 알게 된다.

《처음, 엄마가 된다는 것》의 저자 안드레아 뷰캐넌은 이를 '세상에서 가장 행복한 두려움'이라고 표현했다. 그의 말대로 엄마가 되면 기존에 알지 못하던 차원의 행복과 두려움을 동시에 경험한다. 극과 극을 넘나드는 이 정서적 격변은 익숙한 환경을 벗어나 아주 낯선 환경으로 이동할 때 생기는 불안인 '문화충격'과 비슷하다. 특히 출산 후 일 년간의 변화가 가장 극심하다. 자고 나면 한 뼘 자라 있는 아이의 성장에 발맞추느라 눈코 뜰 새 없이 바쁘다.

이 시기의 엄마들에게는 공통점이 있다.

항상 피곤하다

- 토막잠, 부실한 식사로 눈은 퀭하고 머리는 멍하다.
- 혹시라도 다칠까 아플까 아이를 살피느라 쉴 새 없이 바쁘다.
- 잠든 아이 옆에서 육아용품 후기를 읽고 육아 카페를 순례하느라 눈이 빠질 듯 아프다.

- 잠자기 억울해서 버티다가 아침에 아이 소리에 깬다.

외롭다

- 남편은 늦게 퇴근하고, 그나마 술에 취하거나 피곤한 모습으로 들어온다.
- 결혼한 친구는 약속시간 맞추기가 여의치 않고, 싱글인 친구는 만나도 통하는 얘기가 없어 사람 만나는 일이 점점 줄어든다.
- 혼자 드라마를 보며 TV와 대화하는 일이 늘어난다.
- 연말, 생일, 결혼기념일엔 더 외롭다.

좌충우돌 실수 연발이다

- 출산 전에 책으로 배운 지식들이 기억나지 않는다.
- 인터넷에서 정보를 찾지만 일관적이지 않아 결국 주먹구구식으로 육아를 한다.
- 학교에서 쌓은 전공지식, 직장에서 쌓은 기술은 육아에 도움이 안 된다.
- 과거에 무슨 일을 했건 얼마나 똑똑했건 관계없이 육아는 어설프고 자신이 없다.

머리도 입도 아이로 꽉 차 있다

- 아이를 재우고 나서 아이 사진을 보며 미소 짓는다.

- 모든 얘기가 아이 얘기로 흘러간다.

- 아이 똥 색깔로 엄마들과 뜨겁게 토론을 한다.

- 어떻게 더 먹일지, 밤에 어떻게 더 길게 재울지가 최대 관심사다.

- 아무도 관심 없는 아이의 작은 성장을 말하고 싶어서 입이 근질근질하다.

- 남편에게 아이와 있었던 일을 조잘거리지만, 남편은 어제나 오늘이나
  별다를 게 없다는 표정으로 듣는다.

지적 능력이 퇴화한다

- 정확한 단어가 생각나지 않고, '쉬 했쪄요'와 같은 아이 말투가 자기도
  모르게 튀어나온다.

- 신문, 책, 잡지와 멀어진다.

- 자연스레 시사, 뉴스, 현안 따위에 무뎌진다.

감정이 널뛰기를 한다

- 아이가 몸을 뒤집으면 물개박수를 쳤다가

- 아이의 피부트러블에 세상 모든 근심을 짊어졌다가

- 아이의 해맑은 미소에 행복했다가

- 짜증 한번 내고 나면 갑자기 '모성이 부족한 나쁜 엄마'라는 생각이 든다.

갈 곳과 할 것이 제한된다

● 어딜 가든 수유실과 기저귀 교환대를 미리 확인한다.

● 화려한 홍대 거리, 왁자지껄한 대학로는 언감생심 꿈도 못 꾼다.

● 취미, 취향, 자기계발이 웬 말? 생리현상도 제때 해결하지 못한다.

대체 엄마들이 이렇게 정신없이 피곤하게 사는 이유는 무얼까? 엄마
가 되면 그렇게 사는 것이 당연한 일일까? 다 잘 먹고 잘 살자고, 행복하
자고 사는 것인데 그 과정이 너무 바쁘고 지칠 정도로 힘들다면 이 분주
함과 노고는 누굴 위한 것일까? 질문이 꼬리를 문다. 한번 생각해보자. 엄
마여, 그대는 왜 그렇게 바쁘고 힘든가?

오늘 하루 돌아보기

오늘 하루도 바빴나요? 그런데 뭘 했는지 기억이 가물가물한가요? 나의 시간이 어디에 쓰이는지 있는 그대로 관찰해보겠습니다. 하루를 천천히 돌아보고, 무엇을 했는지 적어보세요.

년   월   일

오전	
오후	
저녁	

적은 내용을 살펴보세요. 하루 중에 온전히 나를 위해 쓴 시간이 있었나요? 없었거나 너무 적었다면 육아에 점점 지칠 수밖에 없답니다. 나만의 시간을 만들고, 그 시간을 늘려가는 연습을 앞으로 함께 해요.

엄마도 엄마가
처음이라

탁구공 같은 아이

엄마가 정신없이 바쁜 가장 큰 이유는 아이들이 어디로 튈지 모르는 탁구공 같기 때문이다. 기저귀를 가는 짧은 순간에 쉬를 정면으로 발사해서 엄마의 얼굴을 쉬 범벅으로 만들고, 잠깐 사이에 소파 등받이까지 기어오르고, 침대에서 떨어져 자지러지게 울기도 한다. 이러한 예측 불가능한 행동들은 걷기 시작하면서 더욱 심해진다. 더러운 물웅덩이, 찻길, 자전거길, 에스컬레이터, 놀이터 그네 등 가리지 않고 뛰어들어 엄마는 놀라서 소리를 지르는 게 일상이 된다.

갓난아기의 경우, 수면 습관이 잡히기까지는 꽤나 시간이 걸린다. 유형도 각양각색이다. 자주 깨는 아이, 잠자는 시간이 불규칙한 아이, 낮잠을 거부하는 아이, 갑자기 깨서 이유도 없이 이삼십 분씩 엉엉 우는 아이, 밤중 수유가 잦은 아이… 그래서 엄마는 자다가도 서너 번은 기본으로 깨고, 아이가 젖을 물고 자는 버릇이 있다면 몸을 뒤척이거나 자리를 비우는 것마저 쉽지 않다.

이렇듯 행동을 예측할 수 없는 상황은 스트레스의 원인이 된다. 이를 증명하는 실험이 있다. 전기충격을 가하기 전에 경고음을 들려준 쥐와 들려주지 않은 쥐 중에 어느 쪽이 더 스트레스를 받을까? 얼핏 드는 생각엔 사전에 경고음을 들려주면 미리 불안해하지 않을까 싶지만 놀랍게도 경고음을 들려준 쥐의 스트레스가 더 적었다. 언제 무서운 일이 일어나는지를 알기에 그 외 시간에는 긴장을 풀고 있을 수 있지만, 경고음이 없는 쥐는 상시적인 긴장 상태에 놓이기 때문이다. 즉 예측을 할 수 있는지의 여부로 스트레스의 크기가 결정되는 셈이다.

이 연구는 스탠퍼드대학교의 로버트 새폴스키 교수가 주도했는데, 그는 아이를 돌보느라 겪는 수면 부족을 가장 끔찍한 일로 꼽았다. 새폴스키 교수에 따르면 인간의 몸은 잠에서 깨어나기 한 시간 전부터 긴장 상태에 돌입한다. 7시에 일어날 생각으로 잠자리에 들었다면 6시부터 몸은 일어날 준비를 하는 것이다. 그런데 엄마들은 어떤가? 수면 시간이 밤중 수유, 아이의 기침과 잠버릇, 기저귀 갈기 등으로 수시로 침범당한다. 아이가 언제 일어날지 모르기 때문에 잠자는 내내 긴장하고 있으니 수면의 질이 떨어지는 것도 당연하다.

시시각각 변하는 아이, 변화에 적응했다 싶으면 또 변하는 아이⋯ 예상하지 못한 행동을 수시로 하고, 인간의 일생에서 가장 빠른 속도로 변하는 아이와 함께 지낸다는 것은 생각보다 버거운 일이다. 익숙함이 주는 편안함을 박탈당한 채 아이의 성장으로 날마다 낯선 변화에 노출되고, 날마다 새로운 도전을 맞는 엄마들은 그래서 바쁘고 정신없을 수밖에 없다.

살림도 육아도 초보인 엄마들

아이가 어디로 튈지 몰라도 그 상황에 대처할 줄만 안다면 육아도 할 만할 것이다. 하지만 대부분의 엄마들은 육아가 서툴다. 안 해봤으니 서툴고, 곁에서 본 적도 없으니 서툴다. 오래 기다렸던 아이건 아니건, 육아법을 공부했건 안 했건 준비된 엄마는 없다. 그저 하루하루 아이의 성장에 발맞춰 부단히 노력하며 적응해갈 뿐이다.

나도 그랬다. 산후조리원에서 막 나와서의 얘기다. 순해 보였던 아이는 집에 오고부터 잠을 이루질 못했다. 밤새 울다 새벽녘에야 겨우 품에서 잠들었다. 낮에도 잠깐 잘 뿐 계속 울었다. 친정엄마와 남편과 돌아가면서 아이를 돌봤지만 소용이 없었다. 미칠 것 같았다. 왜 이러지? 뭐가 문제지? 내가 뭘 잘못하나? 육아가 원래 이렇게 힘든 일인가? 내 아이가 예민한 건가? 꼬리를 물고 의문이 이어졌고, 아무리 생각해도 아이가 계속 우는 이유를 찾기 어려웠다. 그 옆에서 친정엄마는 애가 밤낮이 바뀌었다, 울게 둬라, 누굴 닮아 이렇게 예민하냐고 하시며 내 근심에 부채질을 했다.

우는 아이 달래느라 잠을 못 이루길 십여 일. 아이를 재우기 위해 안 해본 것이 없었다. 실내 온도와 습도 맞추기, 귀에 쉬 소리 들려주기, 두세 시간이고 안고 달래기, 자장가 불러주기를 매일같이 했다. 갖은 노력에도 울기만 하는 아이를 보며 우리 셋은 점점 지쳐갔고, 조리원에서 그렇게 순했던 아이가 돌변한 이유를 찾지 못했다.

문득, 어디가 아파서 그런 게 아닐까 하는 생각이 처음 들었다. 몇 시간을 울다 잠든 아이를 배에 올려둔 채 스마트폰으로 검색을 시작했다. 어둠 속에서 두세 시간의 검색 끝에 '영아산통'이라는 단어가 눈에 들어왔다. 드문 경우이긴 하지만, 내 아이가 영아산통이 아니라는 보장도 없었다. '그래, 날 밝으면 병원에 가보자' 하고 마음을 정리했다. 의사에게 아이가 어떻게 우는지 보여주려고 동영상도 찍었다. 그리고 그 날 새벽, 아이의 몸이 펄펄 끓었다.

열이 오른 아이를 데리고 가까운 소아과를 찾았다. 한 시간 넘게 북적이는 소아과에서 기다린 끝에 만난 의사는 "생후 6개월 미만의 아이는 열이 나면 무조건 큰 병원에 가야 한다"며 진료도 하지 않고 소견서를 써주었다. 겁이 덜컥 났다. 큰 문제가 생겼구나 하는 두려움에 택시를 잡아타고 가장 가까운 대형 병원으로 갔다. 그런데 더 무서운 일이 벌어졌다. 바로 입원을 해야 한단다. 원인을 찾기 위해 소변검사, 피검사, 심지어 뇌척수검사까지 해야 한단다. 판단이 서질 않았다. 겁만 났다. 친정언니에게 전화를 걸었다. 언니는 "원인을 찾기 위해 하는 검사들이 아이를 더 힘들게 할 수 있다"며 외래로 검사해줄 수 있는 큰 병원을 찾아보라고 했다. 아이를 달래가며 전화를 돌린 끝에 병원을 찾았지만, 하루를 더 기다려야 했다. 초조한 마음으로 진료를 기다리는 동안 내 마음은 온갖 불길한 상상들로 가득 찼다.

괴로운 시간 끝에 만난 의사는 아이의 몸 여기저기를 살펴보더니 소변검사를 의뢰했고, 아이의 증상은 요로감염증으로 밝혀졌다. 당장 입원을 했다. 생후 한 달도 안 된 아이를 안고 입원을 하려니 챙길 것들이 많았다. 그래도 원인을 알았고 치료를 하면 된다니 안심이 되었다.

그러나 아직 끝난 게 아니었다. 채혈을 위해 손가락 두 마디만 한 아이 발에 바늘을 찔러대기를 삼십 분, 울지 않을 수가 없었다. 그리고 밤 11시, 검사 결과에 대한 주치의의 브리핑에 나는 가슴이 무너졌다.

"아이가 꽤나 참을성이 많은가봐요. 염증 수치가 너무 높아요. 생후 6개월 안엔 엄마에게 받은 면역력 덕분에 웬만해선 아이들이 아프지 않은데, 지금 요로감염증에 걸렸다는 건 선천적 기형일 가능성도 있다는 거예요."

　의료진이 요모조모 살피며 치료를 하는데도 나는 마음을 놓을 수가 없었다. 결국 내 몸에도 무리가 왔다. 열이 나고 온몸이 아파서 진료를 받으니 편도선염과 후두염이라고 했다. 아이 옆에 있어봤자 폐만 될 거라며 친정엄마는 나를 강제로 귀가시켰다. 정신없이 쓰러져 자고 일어나니 새벽 5시. 아이가 보고 싶어 참을 수가 없었다. 대여섯 시간을 쉰 수유 때문에 가슴도 불어 있었다. 고민할 틈도 없이 택시를 잡아타고 병원으로 부리나케 향했다. 항생제 치료로 이제 좀 살 만한지 아이는 곤히 자고 있었다. 나는 아이 곁에 눕고서야 마음을 놓았다. 이후로도 아이는 요로의 선천적 기형 가능성을 체크하기 위해 두세 번 더 검진을 받았다. 그리고 돌이 지나서야 기형이 아님을 확진받았다.

　그때 소아과 의사에게 보여주려고 찍었던 동영상은 아직도 내 가슴을 후벼판다. 얼마나 힘들었을까. 아프다고, 자신을 돌봐달라고 온몸으로 울어 젖히는데도 엄마 아빠는 알아차리지 못하고 왜 안 자냐고, 제발 좀 자라고 그렇게 애원을 해댔으니 얼마나 답답했을까. 그 생각을 하면 가슴이 미어진다. 엄마로서 어쩜 그렇게 무지했을까 싶다. 소변을 하루에 한두 번밖에 안 봤는데 이상하다고 여기지 못하다니…. 돌아보면 여러 가지 단서들이 있었는데 우리는 그것을 알아차리지 못했다. 아이가 열흘 동안이나 열심히 운 후에야 그게 아파서였다는 걸 알게 된 것이다.

나처럼 경험이 부족해서 일어난 육아 에피소드들은 엄마들마다 한 보따리를 훌쩍 넘길 것이다. 아이 겨드랑이에 진물이 나서 병원에 갔더니 '제대로 안 씻어줘서'라는 말을 들은 일, 아이가 기침을 심하게 해서 가습기를 틀고 잤는데 다음날 기침이 더 심해져서 병원에 갔더니 폐렴이라며, '잠자는 공간에 가습기를 두는 것은 폐렴을 유발할 수 있다'는 의사의 말을 듣고 충격을 받은 일 등 잘해보려고 한 행동이 상황을 악화시킨 경우도 부지기수다.

우리 집에는 육아 대백과가 두 권이나 있었지만 실전에선 그리 도움이 되질 않았다. 그럴 때마다 육아는 지식으로 되는 것이 아님을 절실히 깨달았다. 조카나 이웃집 아이가 자라는 걸 어깨너머로 보기만 했더라도 좀 달랐을지 모르겠다. 그러나 가까이 사는 형제도 이웃도 없이 홀로 육아를 하는 초보 엄마들은 하나하나 부딪혀보고 내 아이에게 맞는 것, 내 상황에 맞는 것을 찾아나가는 수밖에 없다.

육아만 그럴까? 살림도 초보라 엉성하기 짝이 없다. 아이가 있으니 더 깨끗이, 더 맛있게 하고 싶은 마음은 굴뚝같은데, 아직도 일주일에 두 번 청소하는 것도 버겁다. 매끼 밥을 차리는 일은 또 어떤가. 친정엄마가 게장을 주시며 "상할지 모르니 한번 끓여놓아라"는 말씀에 게까지 함께 끓여서 결국 버려야 했을 정도로 살림에 문외한인 나 같은 젊은 엄마들은 육아와 함께 갑자기 떠맡게 된 살림에 애정을 붙이기가 참 어렵다. 해야 하니 겨우겨우 해낼 뿐이다. 회사에서 급한 일 처내듯 말이다.

어쩌다 보니 '육아=엄마의 일'

〈놀라운 바이럴 영상-세상에서 가장 험한 직업 면접〉은 2014년 미국의 한 카드회사가 제작해 유튜브에 올린 동영상이다. 2600만 명 이상이 봤을 정도로 많은 이들의 공감을 자아낸 이 영상에선 가상의 직업을 만들고 화상으로 가짜 면접을 한다. 면접관이 묘사한 그 직업의 근무 조건은 다음과 같다.

- 책임감과 이동성이 중요한 운영 책임자로서 업무 시간 대부분 서서 일해야 하고, 끊임없이 움직여야 하고, 몸을 많이 숙여야 한다.
- 휴식과 휴가가 없고, 휴일이나 명절엔 더 바쁘다.
- 잠도 거의 못 자므로 체력이 아주 좋아야 한다.
- 높은 협상력, 능숙한 대인관계, 방대한 약학 지식, 충분한 재정, 출중한 요리 실력이 필요하다. 식사는 동료가 다 마친 후에 할 수 있고, 저녁 내내 동료와 협상해야 할 수도 있고, 위급한 상황에선 생명을 양보해야 할 수도 있다.
- 물질적 보상은 없지만 행복한 마음으로 임해야 하며, 진심으로 도울 땐 그 무엇과도 비교할 수 없을 만큼 큰 심리적 보상을 받는다.

면접관의 설명에 응시생들은 당연히 놀라고 실망했다. "말도 안 돼요", "합법적인 일인가요?", "비인간적이네요", "제정신이 아니에요" 하는 항의 섞인 말들이 나왔다. 그러자 면접관이 말한다. "이런 조건의 직업을 가진 이들이 이 세상엔 10억 명 이상이나 있다"고. 그 직업은 뭘까? 무슨 직업이기에 악조건임에도 10억 명 이상이나 근무를 할까?

그 직업의 이름은 바로 '엄마'다. 엄마들이 집에서 하는 일을 직업화해 보면 이처럼 말도 안 되는 근무 조건이 나온다.

아이를 돌보는 일은 본래 끝이 없다. 의식주를 챙기다 보면 하루가 간다. 세끼를 챙기고, 옷을 입히고 벗기고 빨고 수선하고 구입하고, 잠을 재우고 깨우고 깬 아이 달래서 다시 재우고… 아이의 건강을 돌보는 건 또 어떤가. 보통 아이들은 네다섯 살까지 잔병치레를 많이 한다. 감기에 걸리고 장염에 걸리고 넘어져서 다치기도 한다. 그럴 때마다 증상을 확인하고 병원을 데려가거나 집에서 간호한다. 게다가 아이가 잘 먹지 않으려 하거나, 안 자려 하거나, 옷 입기에 까다롭거나, 아토피나 비염 혹은 선천적인 질환이 있다면 일은 두 배 세 배 늘어난다.

한 생명체를 돌보는 것은 무수히 많은, 자잘하고도 끝없이 반복되는 일들을 해내는 것이다. 잘하면 본전, 못하면 비난을 받는 일이 육아다. 그 것은 어제 오늘 일이 아니다. 오죽했으면 우리의 엄마 세대도 "애 볼래, 밭 맬래?"라는 질문에 하나같이 밭을 맨다고 했을까.

어쩌다 아이와 관련한 모든 역할이 엄마에게 집중된 걸까? 몸이 바스러져라 육아와 살림을 하면서도 나만의 시간이나 휴식할 시간도 찾지 못하고, 심지어 짬이 나도 쉬지 않는 이유가 뭘까?

스트레스 자가진단

다음은 세계적으로 광범위하게 활용되고 있는 PSS 검사입니다. 스트레스를 얼마나 받는지 스스로 진단할 수 있는 검사이지요. 아래 목록을 읽어보고, 점수를 매겨보세요.

스트레스 자각척도(PSS) 검사

다음 문항들은 최근 1개월 동안 당신이 무엇을 느끼고 생각했는지를 알아보는 것입니다. 각 문항에 해당하는 내용을 얼마나 자주 느꼈는지 표시해주세요.

1. 예상치 못한 일 때문에 당황한 적이 얼마나 있습니까?

⓪ 전혀 없었다 ❶ 거의 없었다 ❷ 때때로 있었다 ❸ 자주 있었다 ❹ 매우 자주 있었다

2. 인생에서 중요한 일들을 스스로 조절할 수 없다는 느낌을 얼마나 경험했습니까?

⓪ 전혀 없었다 ❶ 거의 없었다 ❷ 때때로 있었다 ❸ 자주 있었다 ❹ 매우 자주 있었다

3. 신경이 예민해지고 스트레스를 받고 있다는 느낌을 얼마나 경험했습니까?

⓪ 전혀 없었다 ❶ 거의 없었다 ❷ 때때로 있었다 ❸ 자주 있었다 ❹ 매우 자주 있었다

4. 당신의 개인적 문제들을 다루는 데 있어서 얼마나 자주 자신감을 느꼈습니까?

⓪ 매우 자주 있었다 ❶ 자주 있었다 ❷ 때때로 있었다 ❸ 거의 없었다 ❹ 전혀 없었다

5. 일상의 일들이 당신의 생각대로 되어가고 있다는 느낌을 얼마나 경험했습니까?

⓪ 매우 자주 있었다 ❶ 자주 있었다 ❷ 때때로 있었다 ❸ 거의 없었다 ❹ 전혀 없었다

6. 당신이 꼭 해야 하는 일을 처리할 수 없다고 생각한 적이 얼마나 있었습니까?

0 전혀 없었다 **1** 거의 없었다 **2** 때때로 있었다 **3** 자주 있었다 **4** 매우 자주 있었다

7. 일상에서 생기는 짜증을 얼마나 자주 잘 다스릴 수 있었습니까?

0 매우 자주 있었다 **1** 자주 있었다 **2** 때때로 있었다 **3** 거의 없었다 **4** 전혀 없었다

8. 최상의 컨디션을 얼마나 자주 느꼈습니까?

0 매우 자주 있었다 **1** 자주 있었다 **2** 때때로 있었다 **3** 거의 없었다 **4** 전혀 없었다

9. 당신이 통제할 수 없는 일 때문에 화가 난 경험이 얼마나 있었습니까?

0 전혀 없었다 **1** 거의 없었다 **2** 때때로 있었다 **3** 자주 있었다 **4** 매우 자주 있었다

10. 어려운 일이 너무 많이 쌓여서 극복하지 못할 것 같은 느낌을 얼마나 자주 경험했습니까?

0 전혀 없었다 **1** 거의 없었다 **2** 때때로 있었다 **3** 자주 있었다 **4** 매우 자주 있었다

점수를 합치니 몇 점인가요? 아래에서 자신의 점수별 스트레스 정도를 확인하세요.

- 13~16점: 경도 스트레스
- 16~18점: 우울증·불안증 검사가 필요한 중등도 스트레스
- 18점 이상: 심한 스트레스 상태로, 우울증·불안증 검사 및 정신건강 전문가와의 면담이 필요

독박육아
권하는 사회

육아를 '독박'이라고 부르는 이유

독박육아, 군대육아, 극한육아, 전투육아…. 살벌한 수식어들을 붙여가며 엄마들이 힘들다고 아우성이다. 요즘 엄마들의 정서적·환경적 상황을 직접 겪어보지 않은 사람들은 '나약하다', '이기적이다', '모성이 부족하다' 등의 꼬리표를 붙이기도 한다. 그 꼬리표 때문에 더 힘들다는 엄마들도 많다. 어떤 엄마는 "너만 힘든 거 아니다"라고 말하는 시어머니 때문에 화나 죽겠다고 하고, 어떤 엄마는 "우리 땐 더했다. 이 정도 가지고 뭘 힘들다고 하느냐"는 친정엄마의 말에 상처받았다고 한다.

'독박육아'라는 말에는 엄마들의 외로움이 묻어 있다. 만나자는 사람, 만날 수 있는 사람 하나 없이 종일 아이와 씨름하는 엄마들, 집 앞 놀이터에 나가봐도 친구 하나 만들기 힘든 엄마들, 가족들 심지어 남편에게서도 온전한 이해와 공감을 받기 어려운 엄마들은 외로운 마음을 '독박육아'라는 말에 담았다. SNS에 올라오는 싱글 친구들과 예전 직장동료들의 자유로워 보이는 사진, 엄마표 미술놀이와 영양소 골고루 갖춘 데다 예쁘기까지 한 엄마표 요리 사진들 틈바구니에서 엄마들의 외로움은 더 짙어진다. 그 외로움은 아이마저 잠든 밤이 되면 가슴을 뚫고 나와 맥주 한잔이라도 마셔야 잠이 들게 한다.

'독박'의 원래 뜻은 고스톱에서 패자 한 명이 모든 책임을 뒤집어쓴다는 뜻이다. 그래서 그 단어에는 엄마들의 억울함이 담겨 있다. 왜 똑같이 교육받고 직장생활을 했는데 육아는 당연히 엄마의 몫인지, 같이 낳았는데 왜 아이의 감기부터 어린이집 문제까지 엄마만의 일이 되었는지, 맞벌이를 하는데도 왜 살림은 고스란히 엄마의 책임인지… 이런저런 생각에 엄마들은 억울하다. 그런 엄마들에게 "낳았으면 키워야지, 그럴 거면 왜 낳았냐"고 지적하는 사람들도 있지만 엄마들이 알았겠는가, 육아가 이렇게 힘들고 모든 책임이 자기에게 돌아올 줄.

결혼과 동시에 집사람이 되다

오랜 세월 동안 여성들은 육아와 살림을 도맡아왔다. 어릴 적부터 엄마를 도와 식사를 준비하고, 밭일 나간 엄마 대신 남동생을 돌봤다. 결혼

후에도 마찬가지였다. 남편이 가장으로서 바깥일을 하는 동안 아이를 돌보고 음식을 준비하고 살림을 가꿨다. 그래서 우리 부모 세대까지만 해도 여성에게 '주부'는 익숙하고 당연한 정체성이었다.

하지만 지금의 엄마들은 엄마에게서 "넌 공부만 해"라는 말을 들으며 자랐다. 요리와 바느질에 관심 많았던 내게 친정엄마는 "너 이런 거 할 줄 알면 나중에 고생한다"며 타박하셨다. 그래서 우리는 이전 세대의 여성들보다 더 큰 자유와 평등을 누렸다. 앞치마와 고무장갑보다 하이힐과 찢어진 청바지가 익숙하고, '불타는 금요일'이면 홍대와 이태원으로, 여름 휴가엔 태국과 프랑스로 훨훨 날았다. 내 명의의 신용카드로, 스스로 번 돈으로 자신에게 아낌없이 투자했다. 먹을 줄만 알았지, 시금치나물 한번 무쳐보지 않고 결혼을 했다. 그전까지 삼시세끼 뭐 해 먹을까 고민해본 적도, 치우고 돌아서면 금세 난장판인 거실을 본 적도 없었다.

그렇게 살아온 우리는 아이가 생기고서야 깨달았다. 선글라스에 스키니진을 입고 고급 유모차를 끌며 테이크아웃 커피를 마시는 매체 속 우아한 엄마는 현실이 될 수 없다는 것을. 시시포스의 바위를 밀어올리듯 티도 안 나고 끝없이 반복되는 집안일이 내 몫이라는 것을. 그간 누려온 자유와 즐거움이 더 이상 내 것이 아니라는 것을.

여성의 교육 수준이 높아지고 사회참여와 경제활동도 활발해졌지만, 가정 내 역할분담에 있어서 양성평등은 아직 먼 얘기다. 고리타분한 가

부장적 문화가 아직도 생활 곳곳에 스며 있다. 출산 후 육아를 담당할 사람을 정할 때도 별다른 고민 없이 엄마가 맡는다. 엄마가 자신의 경력과 꿈, 나아가 정체성까지 포기하는 일이 생기더라도 육아를 담당하는 것을 당연하게 여기고, 다른 선택을 하는 엄마들에겐 만류와 질책이 쏟아진다. 남자들과 똑같이 교육받고, 똑같이 직장생활 했던 여성들이 엄마가 되는 순간 갑자기 수십 년 전 여성의 삶으로 회귀한다. 아내가 육아를 맡고 남편이 경제활동을 맡았다면 살림이라도 둘이서 나눠서 하는 것이 공평하거늘 그렇게 하는 부부는 찾아보기가 어렵다.

여성이 집안일을 도맡는 것이 당연한 사회적 분위기 때문에 전업주부와 워킹맘 모두 괴롭다. 전업주부의 경우 갑작스런 사회와의 단절, 경력 단절로 인해 외로움을 겪고 자신이 하는 일에 대해 자부심을 갖지 못한다. 돈을 못 버니 아이라도 잘 키워야 한다는 부담감과 집에서 애 보느라 남들보다 뒤처진다는 초조함에 시달리고, 돈도 못 벌면서 왜 이것밖에 못 하느냐는 자책감에 괴롭다. 그러면서도 자신의 수고에 대한 심리적·경제적 보상이 없는 모욕을 견뎌야 한다.

워킹맘은 이중노동으로 버거운 삶을 이어가고 있다. 워킹맘은 회사에서 퇴근하면 집으로 출근한다. 2014년 10월 기준 맞벌이 가구의 가사노동 시간은 남자가 하루에 40분, 여자가 3시간 14분이다. 여자가 집에서 남자보다 다섯 배를 더 일하는 것이다. 그래서 워킹맘들의 삶은 노곤함 그 자체다. 2014년 한국여성단체연합이 실시한 '일자리와 생애사 실태조사'에 따르면 워킹맘의 주당 근로 시간이 70시간에 이른다. 10세 미만 자녀를 둔 정규직 여성들의 경우 근로 시간이 직장에서 38.8시간, 집에서 38.3시간으로 배우자보다 13시간이 더 많다. 2012년 '통계로 보는 여성의 삶' 자료에 따르면 워킹맘의 24.1%만 삶에 만족한다고 답했으며, 여성문화네트워크가 실시한 '2014 워킹맘 고통지수' 자료에선 워킹맘의 90.9%가 힘들다고 대답했다.

회사 가서 똑같이 고생하고 똑같이 돈 벌고선 다시 집으로 출근하는 워킹맘들의 울분을 어찌 다독여야 할까? 출산으로 육아휴직을 보내고 나면 뒤처진 업무를 따라잡느라 정신없고, '애엄마들은 무책임하다'는 소리 듣지 않으려고 기대 이상으로 해내느라 바쁘고, 회식과 야근을 건너뛸 방법을 궁리하느라 지치고, 아이가 아프거나 어린이집 임시휴무일이라도 생기면 대안을 찾느라 머리가 아프고, 퇴근 후엔 아이의 굶주린 가슴과 배를 채워주느라 소진되고, 살림과 육아에 옆집 불구경하듯 대하는 남편 때문에 늙는다.

남편도 육아를 돕고 싶어 한다

그렇다고 해서 남편들이 마냥 행복한 것도 아니다. 남편들도 힘들긴 매한가지다. '친구 같은 아빠'가 되고 싶어도 시간이 없다. 2014년 국내 전체

취업자의 연평균 근로 시간은 2,124시간으로 OECD 평균 근로 시간인 1,770시간에 비해 주당 6.8시간이 많다. 고용이 불안정하기 때문에 눈치 보느라 늦은 시간까지 '자리를 지키고' 앉아 있을 수밖에 없다. 일러진 은퇴 시기, 높은 실업률, 장기적인 경기불황, 육아를 엄마의 책임으로 간주하는 뒤처진 인식 속에서 남자들의 칼퇴근과 육아휴직은 로망에 불과하다. 집에 와서 아이가 커가는 모습을 보고 싶지만, 그렇다고 밥벌이를 등한시할 수는 없지 않은가? 어깨 위에 놓인 가장의 책임을 다하느라 가정에서의 책임은 소홀하게 되는 것이다. 그래서 저녁이 없는 삶, 가족이 없는 삶이 이어지고 엄마들은 육아를 뒤집어쓴다.

2017년 초에 방송된 〈SBS 스페셜-아빠의 전쟁〉을 보면 한국 아빠들의 현실이 고스란히 느껴진다. 하루에 아이와 보내는 시간은 고작 6분, 일주일에 가족과 함께 식사하는 횟수는 2.4회다. 초등학생 아이들이 그린 아빠는 술병, 담배, TV, 침대에서 자는 모습으로 표현됐다.

아이를 키우고 가정을 꾸리기에 가장 좋은 나라로 꼽히는 스웨덴은 아빠들의 90%가 육아휴직을 쓴다. 거리에는 한 손에 라테를 들고 한 손으로 유모차를 미는 '라테 파파'를 쉽게 만날 수 있고, 저녁이면 온 가족이 모여서 식사를 한다. 그것이 가능한 이유는 스웨덴 아빠들이 우리나라 아빠들보다 부성애가 훨씬 뛰어나서가 아니다. 1970년대 전부터 정부가 강력하게 추진한 가족 친화적 정책 때문인데, 스웨덴에서는 480일의 유급 육아휴직(스웨덴에서의 정식 명칭은 '부모휴직')이 주어지고 이 중에서 90일(2016년 이후)은 아빠가 의무적으로 사용해야 한다. 안 쓰면 자동 소멸되고, 엄마와 아빠가 육아휴직 기간을 똑같이 나누면 추가 세금감면 혜택도 준다.

한국의 육아 현장에서 남편의 빈자리는 어제오늘 일이 아니다. 여전히 대한민국의 아빠들은 오랜 시간 회사에 묶여 있다. 밖에서 파김치가 되어 들어온 아빠가 아이와 즐겁게 놀아줄 수 있을까.

함께할 이웃이 없다

나의 친정엄마는 아이 넷을 집에서 낳았다. 병원 출산이 본격화되기 직전이었다. 그중 하나는 '역아'였으니 꽤나 위험했지만, 그때도 아버지는 안 계셨다. 대신 엄마 곁을 지켜준 것은 이웃이었다. 주인집 아줌마, 반장 아줌마, 슈퍼 아줌마 등 출산이 임박했다는 소식을 들은 이웃들이 달려와 엄마의 손을 붙잡아주고, 미역국을 끓여주고, 무섭고 외로웠을 산모의 마음을 어루만져주었다.

아이를 낳은 뒤에도 일손을 덜어줄 할머니, 삼촌, 이모 하나 없었지만 (통계청 자료에 의하면 1980년에도 3대 이상 가구는 12.6%에 불과하다) 독박육아라며 아우성치지 않았다. 그럴 수 있었던 이유는 이웃 사람들과 골목 덕분이었다. 문 밖만 나가도 눈인사를 나눌 이웃이 있었고, 반찬을 나눠

먹고 멸치 똥을 함께 따고 속닥속닥 남편 흉을 함께 볼 이웃이 있어 엄마는 네 아이를 혼자 키우는 고단함을 줄일 수 있었다.

우리 형제들 역시 골목의 품안에서 자랐다. 문 밖을 나가기만 하면 함께 놀 아이들을 만날 수 있었고, "밥 먹어!" 하는 엄마의 목소리가 들릴 때까지 주구장창 놀았다. 소독차가 지나가면 너 나 할 것 없이 뜀박질을 했고, 한겨울에도 곱은 손 불어가며 구슬치기를 했다. 땡볕에서도 고무줄놀이는 이어졌고, 서로 싸우더라도 어른의 중재 없이 우리끼리 어떻게든 해결을 봤다. 그렇게 골목은 엄마의 품을 대신해주었다.

그 시절의 아련한 추억 때문일까? 엄마가 되어 느끼는 현실은 차갑다. 아이와 둘만 있기가 심심하고 지겨워 놀이터에 나가봐도 휑할 때가 많다. 아이들이 뛰어놀던 골목과 자연이 있던 자리에 고층 빌딩과 상업 시설이 들어섰고, 옆집엔 누가 사는지도 모를 정도로 문이 굳게 닫혀 있다. 아이가 울면 무슨 일 있냐고 걱정하는 게 아니라, 시끄럽다며 인터폰이 울린다. 궂은 날 아이와 갈 수 있는 곳이라곤 마트와 키즈카페뿐이다. 거기서도 장난감 사달라, 간식 사달라 떼쓰는 아이와 실랑이를 벌이는 것도 엄마 몫이다. 도움을 청할 이웃이 사라졌고, 연결은 끊어졌다.

독박육아라는 말은 어설픈 솜씨로 변화무쌍한 육아의 산을 오르는 엄마들의 헉헉댐이다. 더 이상 이 짐을 혼자 질 수 없다는, 도움이 필요하다는 간절한 외침이다.

삶의 만족도와 균형 알아보기

삶에는 행복을 좌우하는 중요한 영역들이 있습니다. 균형 잡힌 삶, 풍요롭고 충만한 삶을 살기 위해서는 아래의 영역이 골고루 필요합니다. 대부분의 엄마들이 중요하게 여기는 8가지 영역을 다음과 같이 선별했습니다. 각 영역별로 현재 만족도를 점수로 매겨보세요. 만점은 10점입니다.

영역	각 영역별로 예시	점수
육아·살림	아이 건강, 아이와의 놀이, 아이 교육, 청소, 설거지, 요리, 빨래	
돈	수입, 지출, 저축, 부채, 현금흐름, 재정 관리	
대인관계	친구 관계, 다른 엄마들과의 관계, 이웃 관계, (직장)동료들과의 관계	
가족관계	남편 및 아이(들)와의 관계, 친정 및 시댁과의 관계	
여가·휴식	취미, 여행, 휴식·휴가, 여가 활동, 삶의 즐거움	
배움·성장	자기계발, 독서, 목표 달성, 공부	
커리어	적성·재능과의 일치도, 비전, 경제적 보상, 근무 조건, 성취도	
건강	운동, 식사, 수면, 마음 건강	

앞에 적은 점수를 아래 그래프에 기입해보세요.

점수를 그래프에 표시한 후 점들을 연결해보면 현재 삶의 단면을 볼 수 있습니다. 연결선이 클수록 만족, 작을수록 불만족스러운 삶이며, 연결선이 둥글수록 균형 잡힌 삶, 뾰족뾰족할수록 균형을 잃은 삶입니다. 연결선이 둥글고 커야 삶이 원활히, 행복하게 굴러갈 수 있습니다. 당신의 삶은 현재 어떤 모습인가요?

가장 만족하는 영역은?	
가장 에너지를 빼앗기는 영역은?	
가장 변화를 원하는 영역은?	

나는
나쁜 엄마일까

엄마에게만 쏟아지는 비난들

2017년 1월의 어느 날, 신문에 안타까운 기사가 올라왔다. 모유 수유를 하다가 가슴에서 하얀 액체가 흘러나오는 것을 보고 검사를 했더니 결혼 전에 한 가슴 성형수술에 쓰인 실리콘이었다는 내용이었다. 소중한 아기가 실리콘을 먹고 있었다니… 그 엄마는 얼마나 놀랐을까?

그런데 끔찍한 일이 벌어졌다. 그 엄마를 향해 비난의 댓글이 엄청나게 쏟아진 것이다. '생긴 대로 살지, 애기 물릴 가슴을 성형하면 어떻게 해?', '실리콘 넣은 가슴으로 모유 먹일 생각을 하다니, 정신이 나간 거 아냐?', '빵빵한 가슴 자랑하려다 애 잡겠네'… 이미 충분히 자책하고 있을 그 엄마는 독한 댓글을 보며 씻을 수 없는 상처를 입었을 것이다.

그런데, 그것이 왜 엄마만의 탓인가? 수술을 집도한 의사의 잘못은? 부작용을 알려주지 않은 병원은? 그들의 잘못은 왜 묵인되는가? 그 엄마가 일부러 그런 것도 아닌데 말이다.

우리 사회는 무엇 때문인지 엄마에 대한 평가 기준을 점점 높이고 있다. 사회는 아이의 발달과 체질, 건강, 사회성과 학업 성적, 자존감과 애착 패턴에 하나라도 문제가 생기면 모두 엄마의 책임이라고 말한다. 그것에 대해《행복한 엄마의 조건》의 저자 제시카 발렌티도 비슷한 말을 했다.

"좋은 엄마와 나쁜 엄마를 가르는 사회적 인식 때문에 육아에 대한 결정을 내릴 때마다 신경이 쓰인다. 수많은 매체들이 엄마의 양육법에 대해 이런저런 조언을 하니 늘 내가 부모로서 부족한 것 같다."

제시카는 사회가 말하는 이상적인 엄마의 모습은 비현실적이라고 주장하면서 엄마들을 옥죄는 사회적 신념들을 조목조목 분석했는데, 몇 가지 간추리면 다음과 같다. 혹시 이 책을 읽는 당신도 이런 생각들을 품고 있지는 않은가?

- 아이에게는 모유가 최고다.
- 애착 육아가 정답이다.
- 아이는 엄마 손에 커야 한다.
- 아이를 낳아야 행복해진다.

- 모성은 본능이다.
- 좋은 엄마가 되고 싶으면 개인적인 욕심을 다 버려야 한다.
- 아이를 낳지 않는 여자들은 이기적이다.
- 일하는 엄마는 불행하다.

　자신의 역할이 의식주와 건강을 넘어 교육 분야까지 확장되자 엄마들은 아이의 발달 단계에 맞춰서 적당한 자극을 주어야 한다고 생각한다. 책과 교구, 개월수에 맞는 장난감을 알아보고, 기관에 다녀온 아이에게 학습지를 시키고, 엄마표 미술놀이나 숲놀이를 함께 한다. 박물관이나 기념관, 동물원에 데려가 다양한 경험의 기회를 주고, 발레나 피아노와 같은 예체능도 알아보고 등록하고 관리한다. 보통 다섯 살이 넘어 초등학교에 입학하기 전까지 한글을 가르치거나 학습지를 알아보고 등록하는 것도 엄마의 일이다. 아이가 초등학교에 들어가면 이 역할은 보다 중요해져 아이의 성적은 엄마의 능력과 정성의 바로미터가 되고 만다. 게다가 요즘 엄마들은 아이의 정서와 자존감까지 신경 써야 한다. 내 말 한마디에 아이가 상처 입을까봐 조심스럽고, 아이가 또래와 잘 어울리지 못하면 정서 지능이나 사회성에 문제가 있는 건 아닐까 걱정한다. 이 많은 일들을 해내다 보면 엄마의 시간, 여자로서의 시간, 한 인간으로서의 시간은 자리를 잡지 못한다.

'엄마라면 마땅히 ~해야지'라는 신념은 가정과 학교에서 오랜 세월 받아온 교육을 통해 주입되었을 수도 있고, 성장 과정에서 겪은 결핍과 아쉬움에서 생겨났을 수도 있다. 또 전문가의 조언을 통해 배웠을 수도 있다. 한 다큐멘터리 제작진이 판매중인 육아서 중 베스트셀러 일곱 권에서 '양육자'를 언급한 횟수를 체크해봤더니 '엄마'는 4510회, '부모'는 2551회, '아빠'는 724회로 '아빠'에 비해 '엄마'가 여덟 배 가까이 더 많았다. 그렇게 형성된 신념들은 오래된 것일수록, 뿌리가 깊을수록, 의식하지 못할수록 우리의 말과 행동, 선택을 좌우한다. 자기도 모르는 사이에 그렇게 하라고 강요하고, 그것을 해내지 못하는 자신을 질타한다.

엄마를 꼼짝 못하게 하는 '나쁜 엄마 콤플렉스'

2015년 6월에 방영된 MBC 다큐멘터리 〈나는 나쁜 엄마인가요〉는 나쁜 엄마 콤플렉스에 시달리고 있는 대한민국의 평범한 엄마들의 모습을 카메라에 담아 많은 사람들의 공감을 얻었다. 다큐멘터리 속 엄마들은 아이를 위해 최선을 다하면서도 스스로 부족한 엄마라고 자책했다. 좋은 엄마가 되기 위해 육아서를 탐독하고 수많은 정보에 귀를 기울이지만 마음 한편으로는 항상 부족함을 느낀다. 여기에는 여러 가지 원인이 있는데, 넘쳐나는 육아 콘텐츠에서 제시하는 엄마의 역할에 대한 정보가 엄마의 죄책감을 부채질했을 가능성이 크다.

그 정보들 중에서 가장 강조되는 부분 중 하나가 '애착'이다. 육아 전문가들은 하나같이 애착을 강조한다. '엄마의 애착 패턴이 대물림된다'는 것은 이제 상식이 되었고, "어떤 희생을 치르더라도 삼 년 동안은 엄마가 키워야 한다"는 믿음이 팽배하다. 이런 말을 수시로 들으면 아이가 태어나고 삼 년이 마치 반드시 채워야 하는 마감 기한같이 느껴진다. 사정상 이 년 반 만에 어린이집을 보낼 때 나도 아이의 애착에 대해 마음이 쓰였다.

영유아기에 뇌와 정서, 가치관의 기초가 형성되기에 아이를 따뜻하게 보살펴야 하는 것은 맞다. 하지만 그 역할을 해야 할 사람이 꼭 엄마여야 할까? 삼 년간 아이 곁을 엄마가 반드시 지켜야 한다면 맞벌이를 해야 하는 가정은 어찌 한단 말인가? '아이는 엄마가 키워야 한다'는 말은 잘못되었다. 정확하게 표현하면 '초기 삼 년간 아이는 따뜻한 돌봄을 받아야 한다'이다. 물론 여기서 돌봄을 줄 사람은 엄마를 포함해 아빠, 할머니, 할아버지, 고모와 이모, 이웃과 베이비시터 모두다.

다큐멘터리 〈마더쇼크〉 이후로 엄마와 아이의 애착 관계는 과하게 강조되고 있다. 엄마들에게 굴레가 될 정도다. 〈마더쇼크〉의 내용은 정말 충격적이다. 자존감이 내 엄마에게서 나로 그리고 내 아이에게로 대물림된다니, 엄마의 언행이 아이의 성격을 빚고 아이의 인생을 조각한다니, 행동거지가 조심스럽다 못해 소리 한번 질러도 아이가 상처받을까봐 불안해진다. 화 안 내는 엄마, 따뜻하게 품어주는 엄마, 단호하되 무섭지 않은 엄마, 조곤조곤 차분하게 설명해주는 엄마, 아이의 마음을 읽어주는 엄마… 늘 그런 엄마가 되어야 한다는 육아서와 전문가들의 주장이 외롭고 지치고 자주 버럭하는 엄마들을 얼마나 위축되게 만드는지 모른다. 이상과 현실 사이에서 얼마나 괴로운지, 과한 책임과 의무가 엄마들을 얼마나 짓누르는지는 엄마들이 아니면 모른다.

인터넷과 육아서에서 늘 말하는 '좋은 엄마'의 이미지, 나도 모르는 사이에 주입된 '좋은 엄마상' 사이에서 엄마들은 잔뜩 주눅들어 있다. 다른 엄마들만큼 해주지 못하는 것 같아 죄책감에 빠지고, 나 때문에 아이의 미래가 잘못되면 어쩌나 불안하다. 이 감정의 소용돌이에서 허우적대느라 엄마들은 육아의 기쁨도, 아이의 미소와 사랑도 충분히 누리지 못할 때가 많다.

결혼이 늦어지니 초산 연령도 덩달아 높아졌다. 아궁이에서 불 때고 밭 매던 친정엄마들과 달리 몸 한번 쓰지 않고 살아온 요즘 엄마들이, 늦은 나이에 첫 출산을 하는 바람에 아이와 놀아줄 체력이 부족한 엄마들이 불안하고 경쟁이 치열한 이 사회에서 '좋은 엄마'로 살아남으려고 사회가 제시하는 엄마상에 자신을 끼워 맞추며 고군분투하고 있다. 조금만 실수를 해도 '맘충'이라고 손가락질하는 이 사회에서 어찌 마음 편하게 육아할 수 있을까.

하지만 힘들다고 넋 놓고 있을 수만은 없다. 이미 우리는 '엄마'라는 역할을 선택했고, 거기서 오는 행복 또한 누리고 있기 때문이다. 그러니 나의 선택을 어른답게 책임지자. 엄마로만 지내서도 안 되고 나만 내세워서도 안 된다.

지금보다 더 나은 미래를 만들 수 있는 방법이 있다. 더 좋은 엄마가 되기 위해 희생해왔던 시간들, 그 시간들을 자신에게로 돌려보는 것이다. 육아에 온힘을 바치다가 에너지가 소진되기 전에, 아이와 남편을 미워하기 전에 나만의 시간을 내서 자신을 돌보면 '엄마의 삶'과 '나의 삶' 사이에서 균형을 찾게 될 것이다.

내 안의 좋은 엄마 콤플렉스

그렇지 않아도 팍팍한 육아 현실을 더 힘들게 하는 것은 '당위적 사고'입니다. 주위에서 들었든, 나 혼자 생각했든 '엄마라면 마땅히 이래야 해'라고 생각한 것이 있나요? 자유롭게 적어보세요.

- 나는 엄마로서 ___아이한테 부드럽게 말___ 해야 한다.

- 나는 엄마로서 _____ 해야 한다.

- 나는 엄마로서 _____ 해야 한다.

- 나는 엄마로서 _____ 해야 한다.

- 나는 엄마로서 _____ 해야 한다.

- 나는 엄마로서 _____ 해야 한다.

- 나는 엄마로서 _____ 해야 한다.

- 나는 엄마로서 _____ 해야 한다.

- 나는 엄마로서 _____ 해야 한다.

- 나는 엄마로서 _____ 해야 한다.

몇 가지나 적었나요? 하지만 엄마로서 꼭 해야 할 일은 단 한 가지, 아이를 사랑하는 것뿐입니다. 그리고 우리는 이미 최선을 다하고 있습니다. 그러니 지금도 충분합니다.

왼쪽에 적은 것들은 해도 좋고 안 해도 좋은 상태의 목록입니다. 그것들 중 원하는 것을 당신이 직접 선택해 아래 빈칸에 옮겨 적고 소리내 읽어보세요.

- 나는 엄마로서 ___아이한테 부드럽게 말___ 하기를 선택한다.

- 나는 엄마로서 _____ 하기를 선택한다.

- 나는 엄마로서 _____ 하기를 선택한다.

- 나는 엄마로서 _____ 하기를 선택한다.

- 나는 엄마로서 _____ 하기를 선택한다.

- 나는 엄마로서 _____ 하기를 선택한다.

- 나는 엄마로서 _____ 하기를 선택한다.

- 나는 엄마로서 _____ 하기를 선택한다.

- 나는 엄마로서 _____ 하기를 선택한다.

- 나는 엄마로서 _____ 하기를 선택한다.

CHAPTER 2

하루 한 시간,
나를 돌보는 시간

지친 몸이
원하는 건 휴식

엄마가 아프면 가족의 생활이 깨진다

아이가 33개월에 접어든 어느 날이었다. 뒷목이 깨질 것처럼 아프고 열이 나고 걷기 어려울 만큼 온몸이 욱신거렸다. 조짐이 이상했다. 근처 병원에 갔더니 해열제를 처방해주면서 뇌수막염일 가능성이 높으니 다시 열이 나면 바로 큰 병원으로 가라고 했다. 다음 날 아침, 열이 급속도로 올랐다. 몸에선 불이 나는데 추워서 사시나무 떨듯 떨었다. 오한이 잦아든 뒤에 응급실로 향했다. 병원에선 각종 검사를 했다. 그중에서도 삼십 분 동안 등에서 뇌척수액을 뽑아내는 검사가 제일 고역이었다. 하지만 병명은 나오지 않았다. 그후 일주일간 꼼짝없이 누워 지내야 했다.

엄마가 아프면 가족의 일상이 흐트러진다. 아이가 아플 때보다 엄마가 아플 때가 더 힘들다. 아파도 아이 밥은 꼬박꼬박 챙겨줘야 하고, 아이는 엄마가 아픈지 모르고 쉴 새 없이 엄마를 찾기 때문이다. 몸을 일으키는 것조차 어려울 때는 삶의 질이 갑자기 뚝 떨어진다. 냉장고는 텅 비고 아이는 TV 앞에 방치된다. 심심한 아이도 아픈 엄마도 짜증이 늘고, 대화도 웃음도 모두 끊기고 만다. 그렇게 집 안에 어둠이 스며든다.

이름도 없는 병을 일주일이나 앓으면서 나는 곰곰이 생각했다. 뭐가 그렇게 힘들었던 걸까? 촘촘하게 돌아가는 일상에서 쾌감을 느낄 때도 있었는데, 몸은 그렇지 않았던 것일까? 나의 하루 일과를 돌아보니 몸이 지칠 만도 했겠다는 생각이 들었다. 새벽 4시에 시작된 하루는 업무와 집안일, 육아로 조금의 빈틈도 없이 꽉 차 있었다.

게다가 몇 년 만에 다시 시작한 일은 모르는 것 투성이였다. 내가 일을 놓은 동안 업계 상황은 많이 변했고, 사람들도 바뀌어 있었다. 원점에서 다시 시작하는 기분이었다. 잃어버린 감을 빨리 되찾아야 한다는 생각뿐이었다. 아이가 어린이집에 가 있는 동안 그걸 다 해내려니 자꾸 초조해져 스스로를 채찍질했다. 중이 제 머리 못 깎는다고 했던가. '일과 생활의 균형'을 코칭하는 사람인데 정작 내 생활의 균형은 깨져가고 있었다. 일을 하면 아이에게 치우쳐 있던 생활이 균형 잡힐 줄 알았다. 다행히 아이와 나 사이의 균형은 되찾았지만, 일과 휴식의 균형은 그렇지 못했다. 일이 휴식을 앗아갔다.

휴식 없는 생활에 내 몸도 많이 지쳐 있었던 듯 싶다. 생각해보니 나를 찾아온 이름 없는 병은 채찍질을 멈추고 좀 쉬라는 몸의 메시지였다. 몸은 '더 이상 재촉하지 마', '쫓아가기 힘들어', '쉬고 싶어'라고 절규하고 있었다. 육아도 일도 놓치고 싶지 않았던 내게 몸은 점점 소리를 높여가며 외쳤다. '이제 쉬어!'

비로소 몸의 메시지를 알아들은 나는 아쉽지만 일을 중단하고, 집안일은 일주일에 한 번씩 가사도우미의 손을 빌리기로 했다.

그렇게 급한 불은 껐지만 몸은 계속 아팠다. 빨리 원인을 찾아서 병을 '해결'하고 일을 다시 하고 싶었다. 가까운 내과부터 큰 병원까지 병원 순례를 했지만 "스트레스 때문"이라는 모호한 대답만 들었다.

답답한 상태로 몇 달이 흘렀다. 그리고 겨울이 왔다. 엎친 데 덮친 격으로 감기까지 걸렸고, 아이에겐 "엄마가 아파서 못 해줘"라는 말을 입에 달고 살았다. 한 달을 거의 누워 지내다가 결국 친정엄마에게 연락해 도와달라고 했다. 끝이 없는 터널을 걷는 기분이었다. 나의 육아 역사상 가장 우울한 시기였다.

머릿속은 어서 훌훌 털고 일어나 일이며 육아, 집안일까지 활기차게 할 생각으로 가득 차 있었지만, 몸은 꽉 막힌 대로처럼 마음대로 움직여지지 않았다. 자꾸 멈춰 서는 몸 때문에 머릿속 생각도 더 이상 달릴 수 없었다. 나는 몸 상태를 최우선으로 돌봤다. 한의원을 갔고, 해독 식단을 실천했다. 그런데도 내 몸은 아프기를 반복했다.

　나는 내 몸 상태를 의사에게 맡기지 않고 몸의 메시지를 들어가며 직접 돌보기로 마음먹었다. 매일 몸 상태를 관찰하고 기록했다. 약 한 달간 잠자는 시간, 식사량과 종류, 운동 여부와 컨디션을 기록한 끝에 저녁 식사량에 따라 다음날의 컨디션이 달라진다는 사실을 알게 되었다. 저녁 6시 30분경에 식사를 하고 9시경에 잠자리에 드는데, 속이 더부룩한 상태에서 잠자리에 들면 다음날 바로 몸이 아팠다.

　중요한 현상 하나를 발견하고 나니 다음 단계가 보였다. 저녁 식사량 줄이기, 채소 위주로 먹기, 속이 불편할 땐 아예 안 먹기 등 다양한 시도 끝에 고기를 뺀 가벼운 식사를 이른 저녁에 먹으면 괜찮다는 결론에 이를 수 있었다. 일 년 반에 걸친 몸의 반란은 그 아우성을 진지하게 들어주자 마무리되었다.

엄마의 휴식이 가족을 웃게 한다

몸의 메시지를 무시하며 산 대가를 톡톡히 치른 뒤로 나는 잠시 멈춰 쉬는 것에 관대해졌다. 어깨가 결릴 때는 누구에게라도 어깨 좀 주물러달라고 부탁하고, 아이를 들다가 팔이 아프면 "엄마 팔이 아프네. 안아만 줄게"라고 말한다. 몸이 피곤할 땐 산더미 같은 설거지도 내일로 미룬다. 문서 작업을 하다가도 졸리면 잠깐 눈을 붙인다. 새벽에 일하는 걸 좋아하지만, 하루가 빡빡했던 날은 알람을 꺼두고 푹 잔다. 주말엔 일을 만들지 않고, 두세 달에 한 번은 가까운 곳으로 가족과 여행을 가서 느긋하게 쉬고 온다. 시간이 나서 쉬는 게 아니라 시간을 내서 쉰다. 멈춰 서서 몸을 돌보지 않으면 마음도, 일도, 가족도 전쟁을 치른다는 걸 경험으로 알았기 때문이다.

엄마들이 자기 몸 돌보기를 소홀히 하고, 몸이 아프면 약을 먹고는 다시 일에 매진하는 것은 어제오늘 일이 아니다. 생각해보면 몸이 보내는 메시지를 무시하는 것은 엄마들의 오래된 습관이다. 출산 전에는 몸을 소홀히 돌봐도 별 문제가 되지 않았다. 젊었고, 아프면 쉴 수 있었으니까. 하지만 아이를 키우면서는 얘기가 다르다. 아프면 당장 아이 밥이 문제다. 일상에 금이 가고 관계에 금이 간다.

그렇게까지 상황을 악화시키지 않으려면 어떻게 해야 할까?

파스칼은 "인간의 모든 불행은 단 한 가지, 고요한 방에 들어앉아 휴식할 줄 모른다는 데서 비롯된다"라고 말했다. 수영장에 가면 아무리 재미있어도 오십 분 논 뒤엔 십 분간 쉬도록 되어 있다. 일의 생산성이 아무리 중요해도 여덟 시간 근무에는 한 시간의 휴식이 법제화되어 있다. 아니, 생산성이 중요하기에 휴식이 필수다. 육아와 살림도 엄연한 '일'이다. 에너지를 쓰기 때문이다. 엄마가 쉬는 것은 일에 대한 보상이자 손실된 에너지를 충전하기 위해 당연히 누려야 할 권리다.

남에게 맞추기만 해서는 몸이 남아나지 않는다. 몸은 적당한 수면과 영양 섭취, 적당한 운동과 이완을 필요로 한다. 상황이 녹록하지 않아도, 가족들의 배려와 지지가 없어도 몸은 스스로 챙겨야 한다. 때론 이기적이라는 소리를 들을 수도 있지만 자기돌봄은 기본적으로 이기적일 수밖에 없다. 그러니 가족에게 폐 끼치는 것이 두려워 자기 몸 돌보기를 뒤로 미루지는 말자. 내가 살아야 아이도 도울 수 있다. 비행기에서도 응급 상황이 발생하면 아이보다 어른이 먼저 산소마스크를 착용하도록 되어 있지 않은가? 자신의 건강을 챙길 줄 아는 엄마가 가족을 길게 사랑할 수 있다.

몸 돌봄 가이드라인

잠을 잘 자자

- 가끔 남편에게 아이를 재우게 하고 혼자 잔다.
- 되도록 아이 잘 때 같이 잠든다.
- 때로는 몸이 자연스럽게 일어나질 때까지 푹 잔다.
- 아이가 생후 6개월이 지났다면 서서히 밤중 수유를 끊는다.
- 오후에는 커피 등 카페인이 들어간 음료를 섭취하지 않는다.
- 잠자리에서 스마트폰 보는 시간을 줄인다.

식사는 적당량을 편안히

- 아이를 먹인 뒤에 먹지 말고 아이와 함께 먹는다.
- 서서 먹지 않고 되도록 한 자리에 앉아 먹는다.
- 아이가 남긴 음식을 먹지 않는다(먹을 만큼만 담아주자).
- 하루에 적어도 한 끼 이상은 밥을 먹는다.
- 일주일에 최소 한 번 이상은 좋아하는 사람과 좋아하는 음식을 먹는다.

운동 습관을 들이자

- 아이와 놀면서 몸을 적극적으로 움직인다. 잡기 놀이, 비행기 태우기, 베개 싸움 등의 놀이를 하며 의도적으로 몸을 움직이고 스트레칭, 산책 등의 운동도 아이와 함께 해보자.
- 운동 초보라면 쉽고 즐겁게 할 수 있는 운동에서 조금씩 단계를 높여나간다.
- 드라마 볼 때, 설거지할 때 할 수 있는 홈 요가나 홈 짐 운동을 한다.
- 운동량을 점차 늘려 주 3회, 30분씩 정기적으로 땀을 흘리자.

휴식 시간을 갖자

- 몸의 메시지에 귀 기울이고 피곤이 느껴지면 1~2분이라도 잠깐 쉰다(어깨 돌리기, 소파에 잠깐 눕기, 심호흡 등을 병행해도 좋다).
- 한 달에 한 번 정도 아이를 다른 사람에게 맡기고 아무것도 안 하고 빈둥거리는 시간을 갖는다.
- 나들이나 여행은 준비도, 일정 계획도 느슨하게 잡자. 계획이 과하면 다녀와서 더 피곤할 수 있다.

내 감정부터
돌보기

누가 봐도 행복한 사람, 그러나 그 뒤엔 공허함이

정희 씨는 생후 10개월 된 순둥이 딸을 키우는 초보 엄마다. 아내라면 껌
뻑 죽는 남편과, 퇴근 후의 시간을 모조리 손녀 돌보는 데 쓰시는 시부모
님 곁에서 분에 넘치는 사랑을 받으며 지내고 있다. 그런데 그녀는 행복
하지 않았다. 객관적으로 보자면 부족한 게 없어 매일같이 기쁨에 겨워
야 마땅한데 자꾸만 감정이 가라앉으니 혼란스러웠다. 아이의 웃음소리
를 듣고 함께 여유롭게 지내서 좋지만, 그녀는 마음 한구석이 헛헛했다.
공허함은 아이가 주는 기쁨과는 별개로 점점 커져갔다.

가까운 사람에게도 복잡한 마음을 털어놓지 못했던 정희 씨는 우연
히 참가한 엄마들 모임에서 자신이 느끼는 공허함의 정체를 이해할 수 있

었다. 그녀의 헛헛함은 잃어버린 자신의 한 조각에 대한 그리움이었다. 시를 좋아하고 릴케를 사랑하고 바람소리에 가슴이 뛰는 감성과 벅찬 꿈을 안고 살았지만 아이를 낳은 후로는 꿈에 대한 희망과 의욕을 감추며 살았다. 육아만으로도 벅찼기 때문이다.

정희 씨에게 육아는 롤러코스터나 다름없었다. 언제 도착하는지 어디로 가는지도 모른 채 오르락내리락하는 롤러코스터. 좋을 땐 세상 다 가진 것처럼 좋다가 슬플 땐 세상을 등지고 싶을 정도로 깊은 어둠에 빠졌다. 아이를 보느라 자기를 잃은 정희 씨는 "자신감도 자존감도 바닥으로 떨어진 산송장 같았다"고 자신을 표현했다.

그녀는 누가 봐도 '행복한 상황'에 있었기에 힘들다는 표현을 할 수 없었다. "남들처럼 독박육아를 하는 것도 아니고, 생계를 위해 아이를 두고 돈을 벌러 나가야 하는 것도 아닌데 뭐가 그렇게 힘들어?"라는 타박을 들을까봐 차마 말하지 못했다. 한편으로는 아이와 함께 있는 시간에 온전히 기뻐하지 못하는 자신이 미웠다. 아이 때문에 힘들다고 하면 모성애 없는 엄마가 되고 아이를 배신하는 것 같아 스스로 행복하다고 최면을 걸어왔던 것이다. 그렇게 애쓰는 동안 외면당한 슬픔과 공허함은 그녀를 점차 무기력으로 끌어내렸다.

차단당한 감정이 마음에 켜켜이 쌓이다

영국의 심리치료사 나오미 스태들런은 이십오 년 넘게 '마더스 토킹'이라는 육아상담 모임을 운영하며 엄마들을 상담해왔다. 그녀는 '아이에게 어떻게 해야 하는지'만 가르치는 기존 육아서의 한계를 지적하면서 엄마들이 육아를 하며 느끼는 어려운 점들을 《엄마의 감정수업》에 생생하게 풀어놓았다. 모성애를 지나치게 강요받아 정작 아이를 제대로 사랑하지 못하는 엄마, 특별한 이유 없이 육아에 좌절감을 느끼는 엄마, 아이와 애착을 형성해야 한다는 의무감에 스트레스를 받은 엄마, 여자나 사회인으로서의 삶을 포기하고 엄마로만 살아가는 현실 때문에 우울한 엄마 등 여자에서 엄마가 되면서 겪는 고민과 갈등이 소개된다.

이들에게 필요한 것은 어설픈 조언이 아닌 공감이라고 나오미는 말한다. 두려움, 죄책감, 상실감과 같은 감정은 비슷한 처지의 엄마들로부터 공감을 받으면 안도감으로 변하고 그 결과 자연스럽게 아이를 위한 마음의 여유 공간이 생긴다는 것이다.

존 가트맨 박사와 최성애 박사가 함께 쓴 《내 아이를 위한 감정코칭》은 자녀의 감정은 전적으로 수용하고 행동은 통제하는 감정코칭형 육아의 우수성을 과학적으로 밝히면서 돌풍을 일으켰다. 하지만 정작 엄마들은 실천하기 어렵다고 하소연한다. 그 이유는 명확하다. 엄마들이 감정코칭을 가까이서 본 적이 없고 받아본 적은 더더욱 없기 때문이다. 공감받지 못하고 자라왔는데 내 아이를 전적으로 공감하기란 쉽지 않다. 그것은 호떡 맛을 모르면서 호떡을 만드는 것과 같다. 그러다 보니 잘되지 않아 절망스럽고, '감정코칭은 현실에서 안 통해', '난 노력해도 안 돼'라는 생각을 하다가 포기하고 만다.

우리 부모 세대에게 부모 역할은 먹이고 재우고 공부시키는 것이 전부였다. 자식들 뒷바라지하느라 아버지는 밖에 나가 돈 벌고 어머니는 내조하며 알뜰살뜰 살림을 살았다. 자식들의 감정을 살필 여유가 없었다. 그저 잘못된 행동을 하면 엄히 꾸짖고, 말을 안 들을 땐 때려서라도 듣게 하는 게 최선이었다. 학교에서도 마찬가지였다. 교사의 권위가 높았던 때라 아이들은 교사에게 쉽게 마음을 털어놓지 못했고, 교사들은 훈육과 체벌로 아이들을 지도했다.

그렇게 자라왔으니 내가 느끼는 감정이 무엇이고 어디에서 시작됐는지, 어떻게 받아들여야 하는지를 모르는 게 어쩌면 당연하다. 기쁨과 행복, 즐거움 같은 긍정적인 감정만 좋아하고 슬픔, 분노, 두려움 같은 부정적인 감정에 대해선 회피하고 억압하는 게 자연스러웠다. 예의와 체면을 중요히 여기는 유교 문화, 상명하복의 군대 문화, 개인의 감정이나 선택보다 공동체의 목적을 중시하는 집단주의 속에서 우리는 내 감정과 친해질 기회가 없었다.

'울면 안 돼. 울면 안 돼. 산타 할아버지는 우는 아이에게 선물을 안

주신대요'는 크리스마스가 되면 빠짐없이 등장하는 캐롤 〈울면 안 돼〉의 노랫말이다. 너무도 익숙한 곡이라 습관적으로 불러왔던 이 노래가 달라 보이기 시작한 건 "너, 계속 울면 산타 할아버지한테 선물 못 받는다"라고 말하는 부모들을 보면서부터다. 이 노랫말대로라면 아이들은 선물을 받기 위해 '착한 사람'이 되어야 하고, 그러자면 '울음을 뚝' 그쳐야 한다. 울면 선물받을 자격이 없는 것일까? 우는 사람일수록, 슬픈 사람일수록 선물을 주며 위로해야 하지 않을까? 그러고 보니 이 노래는 아이만의 솔직한 감정 표현을 버리고 어른스럽게 행동하라고 종용하는, 지극히 어른 중심의 노래다.

자신의 진짜 감정을 숨기고 남들이 받아주는 감정만 표현하다 보면 결국 다음과 같은 대가를 치르고 만다.

첫째, 자기 안의 생동하는 감정과 단절되어 특별히 좋은 것도 나쁜 것도 없는 밋밋한 생활을 한다. 무기력해지고 의욕과 열정이 사그라들고 기쁨에도 둔감해진다.

둘째, 선택이 어려워진다. 의사결정을 할 때 중요한 기준이 감정이다. 감정이 거세당하면 판단력을 잃어 요모조모 따져보지도 않고 결정하거나, 남이 좋다고 하는 대로 휩쓸려가기 마련이다.

셋째, 다른 사람의 감정을 알아채고 이해하고 수용하고 적절히 대응하지 못한다. 이러한 성향은 아이와의 관계에서도 문제가 되는데, 감정을 억압하며 살아온 부모일수록 아이의 다양한 감정 세계를 인정하거나 받아들이지 못한다.

넷째, 점점 '감정적'으로 변한다. 감정은 외면한다고 해서 사라지지 않는다. 무의식 저 깊은 곳에 숨어 있다가 자기도 모르는 사이에 밖으로 표출된다. 봐주지 않는 사이에 통제 불가능한 수준으로 커져서 주인을 덮쳐버린다. 감정에 압도당해 감정이 치닫는 대로 행동하는 감정의 노예가 되어버리는 것이다.

마지막으로, 건강을 해치게 된다. 밴쿠버의 내과 전문의 게이버 메이트가 쓴《몸이 아니라고 말할 때》에는 감정을 돌보지 못한 대가로 질병에 걸린 여자들의 얘기가 가득 실려 있다. 그는 거절하지 못하거나, 다른 사람의 욕구를 늘 우선시하거나, 착하다는 인정을 받기 위해 무슨 일이든 감수하거나, 감정을 숨기거나 참는 행위가 어떻게 질병으로 연결되는지를 과학적으로 증명하면서 "감정 억압은 질병에 맞서 싸우는 신체의 방어체계를 무력화시킨다"고 결론지었다.

나를 위해 내 감정을 보살피자

철학교수이자 《가짜 감정》의 저자 김용태 교수는 아무리 노력해도 행복하지 못한 이유를 '감정 억압'에서 찾는다. 그는 "감정은 참으로 오묘하다. 알아봐주고 보살펴주면 긍정적인 에너지가 되지만, 모른 체하고 억누르면 알아줄 때까지 떼를 쓰고 시한폭탄처럼 부글부글 끓다 언젠가는 폭발하고 만다"며 나쁜 감정일수록 환영하고 돌봐주라고 조언한다.

설거지하기 싫다고 미루면 일주일 새에 주방은 폭탄 맞은 모양새가 된다. 한꺼번에 치우려면 엄두가 안 나지만 매일 조금씩 치우면 할 만하다. 감정도 마찬가지다. 평소에 자주 봐주고 표현해주면 거센 감정으로 발전하지 않는다. 매일 몸만 씻을 게 아니라 마음도 씻어줘야 한다. 아이의 감정을 따뜻하게 받아주는 부모가 된다는 것은 참 아름다운 지향점이지만, 자신의 감정을 누르면서 아이만 따뜻하게 대하는 것은 반쪽짜리 공감이다. 아이의 감정만큼이나 부모의 감정도 소중히 여겨야 한다.

그러니 이제라도 자신의 감정에 주목하자. 아이에게 향했던 시선을 가끔은 자기에게 돌려 '지금 내 기분은 어떻지?', '내 마음은 괜찮은가?'라고 질문해보자. '강한 엄마, 흔들림 없는 엄마가 되어야 한다'는 채찍질을 멈추고 파도처럼 일렁이던 자신의 마음을 보살피면 고단하고, 지치고, 외롭고, 슬프고, 짜증나고, 불안하고, 걱정투성이인 여린 내가 보일 것이다.

흔들리지 않고 피는 꽃이 있던가. 비바람 없이는 생명이 자라지 않는다. 내 안의 여린 감정에 관심을 기울이고 인정하고 받아들이는 것은 자기 존재를 온전히 감싸 안는 아름다운 일이다.

나의 감정 살피기

다음 단어들은 다양한 감정이나 기분을 기술한 것입니다.
각 단어를 읽고, 요즘 느끼는 감정이나 기분의 정도를 가장 잘 나타낸 점수에 ○표를 하세요.
긍정 정서 항목과 부정 정서 항목의 답을 각각 더해서 84쪽의 표에 적어보세요.

전혀 그렇지 않다 1	약간 그렇다 2	어느 정도 그렇다 3	상당히 그렇다 4	매우 그렇다 5
1. 신나는	1 2 3 4 5		11. 화를 잘 내는	1 2 3 4 5
2. 괴로운	1 2 3 4 5		12. 맑고 또렷한	1 2 3 4 5
3. 활기에 찬	1 2 3 4 5		13. 창피한	1 2 3 4 5
4. 혼란스러운	1 2 3 4 5		14. 의욕이 넘치는	1 2 3 4 5
5. 자신감이 넘치는	1 2 3 4 5		15. 신경질적인	1 2 3 4 5
6. 죄책감을 느끼는	1 2 3 4 5		16. 확신에 차 있는	1 2 3 4 5
7. 위축된	1 2 3 4 5		17. 상냥한	1 2 3 4 5
8. 분노를 느끼는	1 2 3 4 5		18. 초조한	1 2 3 4 5
9. 열정적인	1 2 3 4 5		19. 활동적인	1 2 3 4 5
10. 자랑스러운	1 2 3 4 5		20. 두려운	1 2 3 4 5

긍정 정서: 1, 3, 5, 9, 10, 12, 14, 16, 17, 19
부정 정서: 2, 4, 6, 7, 8, 11, 13, 15, 18, 20

〈출처: 긍정심리학, 권석만 저, 학지사〉

긍정 정서	부정 정서
점	점

어떤가요? 답하기 쉬운가요? 만약 점수를 매기기가 어렵다면 요즘 자신의 감정을 잘 보지 못하고 지내고 있다는 뜻이지요. 반대로 점수 매기기가 수월하다면 자신의 감정을 잘 인지하고 있다는 뜻입니다.

긍정 정서와 부정 정서 중 어느 쪽이 더 많나요? 긍정 정서가 많다면 자신의 기대와 욕구가 잘 채워지고 있다는 뜻이고, 부정 정서가 많다면 채워지지 않는 욕구가 있다는 뜻입니다.

오늘도 부글부글,
감정의 원인 찾기

지금 느끼는 이 감정은 어디에서 왔을까?

친구와 주말에 여행을 가기로 하고 기대감에 부풀어 기다렸는데 출발일 아침 7시에 '오늘 갑자기 일이 생겨서 못 가겠어. 미안'이라는 문자메시지를 받는다면 기분이 어떨까? 실망스럽고 짜증나고 서운할 것이다. 사람 무시하나 싶어 화가 나고, '뭐 이런 애가 다 있어' 하며 불쾌할 것이다. 그런 기분이 드는 이유를 묻는다면 십중팔구 '친구 때문'이라고 답할 것이다. 친구가 갑작스럽게, 그것도 문자메시지로 예의 없이 일방적으로 여행을 취소했기 때문이라고 말이다.

하지만 만약 친구가 문자메시지를 보냈을 때 나의 상황이 좀 달랐다면 어떨까? 월요일에 회사에서 있을 보고회 준비로 머리가 복잡하고 시간이 빠듯했다면? 감기 기운이 있어서 여행을 다녀오기가 부담스러운 상황이었다면? 보고 싶어 하던 뮤지컬을 보자는 남편의 제안에도 친구에게 미안해 여행을 취소하자고 말하지 못하고 있었다면? 어느 경우든 친구의 여행 취소 연락이 반갑고 고마울 것이다.

미국의 심리학자이자 경험적 가족치료의 선구자인 버지니아 사티어는 인간의 심리를 빙산에 비유했다. 그의 이론에 따르면, 인간의 말과 행동의 이면에는 '감정과 생각'이 있고, 그 밑에는 '기대', 더 밑에는 '열망'이 있다. 열망은 인간이라면 누구나 가지고 있는 보편적인 바람이다. 인정받고 사랑받고 수용받기, 사랑하기, 안정감 느끼기, 삶의 의미와 목적 갖기, 희망을 느끼고 자유롭게 살기 등이 해당한다. 한편 기대는 열망이 실현된 구체적 모습으로서 열망에 뿌리를 두고 있다. 사랑받기라는 열망이 어떤 사람은 따뜻한 집밥을 대접받을 때 채워지고, 어떤 사람은 칭찬을 받을 때 채워지는 것처럼 기대는 사람마다 다르다. 빙산의 가장 밑, 즉 열망의 아래에는 '자기Self'가 있는데, 자기는 순수한 존재로 선하고 긍정적이고 성장을 추구한다. '자기'는 생명력이며, 개인을 초월하는 그 무엇과 연결되는 초월성이 있다. 인간은 내면의 가장 깊은 차원인 '자기'와 연결될 때 공감, 배려, 연민, 돌봄, 사랑을 느낀다. 말과 행동, 감정과 생각, 기대와 열망, 그리고 자기까지 일관된 모습을 사티어는 '일치적'이라고 불렀다.

사티어의 빙산에 의하면, 감정의 원인은 상대방이 아니다. 상대방의 말과 행동은 자극이자 계기일 뿐 감정은 우리 내면의 기대와 열망에서 비롯된다. 그것이 충족되면 행복하고 즐겁고 기쁘고 만족스러운 느낌이 들고, 충족되지 않으면 슬프고 화나고 두렵고 불안하고 짜증나고 속상하다. 불편한 감정도 주의를 기울여 살펴봐야 하는 이유가 거기에 있다. 배에서 꼬르륵 소리가 나면 식사를 통해 음식을 공급하듯 슬프고 화날 때 "왜 이렇게 감정 조절을 못 해"라고 타박하지 않고 자신의 어떤 바람이 충족되지 않았는지, 무엇이 필요한지, 그 필요를 어떻게 채울지를 스스로 더 깊이 질문해야 한다.

주말에 TV에 빠져 있는 남편을 볼 때마다 울화통이 터지는 이유는 게으른 남편 때문이 아니다. 집안일과 육아를 함께 해주길 바라거나, 일상적인 대화를 나눌 상대가 필요해서다. 밤 10시에 더 놀고 싶다는 아이에게 화가 치미는 이유는 아이가 불을 못 끄게 해서가 아니라 하루 종일 열심히 일한 내 몸에 휴식을 주고 싶어서다. 육아와 살림이 숨 막히고 외로운 것은 부족한 엄마여서도 아니고 나약한 인간이어서도 아니다. 재미와 자기만의 시간, 마음을 나눌 친구가 필요해서다. 일을 그만두기가 아쉽고, 힘들어도 일을 꼭 하고 싶은 것은 아이를 사랑하지 않아서가 아니라 일을 통한 성취감과 소속감이 필요하기 때문이다.

원하는 것을 표현해야 배려받고 존중받는다

감정이 자신의 열망과 기대에서 비롯되기에 감정의 책임자는 바로 자신이다. 어떤 엄마들은 이 진실을 받아들이기 어려워한다. 감정의 원인을 바깥에서 찾아온 무의식적인 습관 때문이다. 혹은 '네가 힘든 건 네 잘못이야'라는 비난으로 받아들인다. 자기비난에 익숙하기 때문이다. 그러나 자신의 열망과 기대에서 감정이 비롯된다고 인정하고 나면 오히려 우리는 진정으로 자유로워질 수 있다.

자신의 열망과 기대를 알아차리고 채워주는 것은 아름다운 일이다. 자신의 감정을 내비게이터 삼아 열망과 기대를 발견하고 채워준다면 우리는 행복에 더 가까워지기 때문이다. 나의 열망과 기대는 나만이 알아차리고 채워줄 수 있다. 내 열망과 기대를 내가 보호하지 않으면 누가 보호해주겠는가. 내 열망과 기대의 수호자가 될 때 타인의 열망과 기대를 알아채고 관대하게 받아줄 힘이 생긴다. 자신의 열망과 기대를 경청하는 만큼 타인의 열망과 기대도 경청할 수 있다. 모든 관계는 자신과의 관계에서 시작된다.

지난 수백 년간 여자들은 남을 돌보기 위해 자신의 열망과 기대를 부인하고 희생하도록 사회화됐다. 사람 만나고 배우기를 좋아하지만 남편이 싫어한다는 이유로 바깥 활동을 자제하며 살아온 친정엄마, 가족들 먹고 싶어 하는 음식을 챙기느라 늘 식탁에 마지막에 앉고 당신 숟가락보다 자식들 숟가락에 반찬 얹어주기 바쁜 시어머니만 봐도 그렇다. 그 시절엔 희생과 헌신이 좋은 엄마의 기준이었고 미덕이었다. 그러나 자신의 열망과 기대를 소홀히 하면서 과연 행복할 수 있을까?

원하는 것을 표현하지 않으면 상대는 내가 원하는 게 뭔지 모르고, 결국 나는 배려받지도 존중받지도 못한다. 돌보는 것만 익숙하고 돌봄을 받는 것엔 익숙하지 않다면 자신의 필요를 알아차리고 표현해야 한다. 다른 사람과 충돌할 때 내 열망과 기대를 계속 희생하거나 내 것만 강요하는 것이 아니라, 서로의 열망과 기대를 조화시킬 수 있는 방법을 찾아야 한다.

나의 욕구 살피기

사티어가 말한 '열망과 기대'는 한마디로 '욕구'라고 할 수 있지요. 우리는 매 순간 어떤 욕구를 가지고 있습니다. 그 욕구가 채워지기도 하고 채워지지 않기도 하지요. 《비폭력 대화》의 마셜 로젠버그는 인간의 보편적 욕구를 이렇게 제시했습니다.

- **자율성**: 꿈·목표·가치를 선택할 수 있는 자유, 그 꿈과 목표·가치를 성취하기 위한 방법이나 계획을 선택할 자유

- **삶의 의미**: 삶을 창조하고 꿈을 실현한 것에 대한 축하, 사랑하는 사람이나 꿈을 잃어버린 것에 대한 애도

- **진실성**: 일치성, 의미, 창조성, 자기 가치

- **상호의존**: 인정, 감사, 친밀함, 공동체, 배려, 정서적 안정, 공감, 정직, 사랑, 확신, 존중, 지지, 신뢰, 이해, 따뜻함

- **신체적 돌봄**: 공기, 음식, 물, 자유로운 이동, 생존 위협으로부터 보호, 휴식, 신체적 접촉, 성적 표현, 안전한 주거지

- **놀이**: 재미, 웃음

- **영적 평안**: 아름다움, 조화, 교감, 질서, 평화

우리의 감정은 욕구 충족과 긴밀히 관련되어 있지요. 엄마가 된 순간부터 자신의 욕구를 스스로 채우기가 쉽지 않습니다. 아이의 욕구를 채우는 역할을 하느라 말이지요. 엄마 자신의 욕구도 한번 살펴보면 좋겠습니다. 엄마가 되고 나서부터 지금까지 옆 페이지에 있는 욕구 중 충족이 된 것과, 그렇지 못한 것을 나눠서 적어보세요.

채워진 욕구	
채워지지 않은 욕구	

채워진 욕구가 많다면 엄마로 지내는 것이 행복하고 즐거웠을 거예요. 축하드립니다. 반대로 채워지지 않은 욕구가 많다면 괴롭고 힘들었을 거예요. 그동안 고생하셨어요. 이 책의 나머지 장을 읽어나가며 그 욕구들을 채울 수 있는 현실적인 방법을 함께 찾아보아요.

상처 주지 않고
똑똑하게 화내는 법

화를 내야 할까? 참아야 할까?

부정적인 감정을 환영하는 사람은 없겠지만, 그중에서도 '화'는 엄마들의 크나큰 골칫거리다. 특히나 '낮버밤반'(낮에는 버럭하고 밤에 잠든 아이를 보며 반성하는 것)을 반복하는 엄마들은 자신이 한심하고, 한 번도 느껴보지 못한 거친 감정을 왜 세상에서 가장 사랑하는 아이에게 퍼부었는지 이해가 안 돼 답답해한다. 아이가 상처받고 주눅들지는 않을지 걱정스러운 건 말할 것도 없다. 아이에게 화를 내고 나면 반드시 사과하라고 육아 전문가들이 충고하는데, 매일 사과를 할 수도 없으니 '화내지 말아야지'라는 다짐만 반복할 뿐이다.

　욱하지 않고 육아해야 한다고 육아 전문가들은 입을 모은다. 사실 이런 조언을 들으면 엄마들은 죄책감이 커진다. 전문가들의 영향력이 그토록 세다. 그런데 욱하지 않고 육아를 할 수 있는 부모가 얼마나 될까? 아이를 쥐 잡듯 잡아놓고 반성하지 않는 부모도 문제지만, 육아의 어려움에 대해서 요모조모 헤아리지 않고 모두 부모 탓이라고 하면서 '절대로 욱해선 안 된다'는 비현실적인 조언을 하는 전문가들도 문제다. 그래서 불쑥불쑥 화가 나는 엄마들은 그들의 조언 앞에서 소리 없이 눈물을 흘린다.

"절대 사과를 생각하지 마세요"라는 말에 사과 생각을 안 할 사람은 없다. 우리의 무의식에 부정은 존재하지 않는다고 프로이트는 말했다. 화를 부정하면 오히려 화가 강화된다. 그래서 '화내지 말아야지'라는 다짐에도 불구하고 화가 사라지지 않는다. 화를 없애고 화에서 벗어나려고 애쓸수록 화의 늪에 빠지게 된다. 그러니 화를 억지로 누르려고 해서는 안 된다.

그렇다고 무조건 화를 내라는 뜻은 아니다. 화를 내면 화가 더 쌓인다. 소리지르고 험상궂은 표정을 하면 화가 풀릴 것 같지만 혈압, 맥박, 스트레스 호르몬 등의 수치가 높아진다. 화가 화를 부르는 것이다. 게다가 홧김에 물건을 던지고 부수고 욕을 하는 등 거친 행동을 하고 나면 물건도 관계도 신뢰도 깨져 뒷수습이 어렵다. 살면서 폭발하는 화에 피해를 본 적 있는 사람은 화가 남긴 상처가 얼마나 큰지 경험으로 안다. 화를 당하는 사람의 상처도, 화를 내는 사람의 죄책감도 크다.

화를 누르지도 표출하지도 말라고 하면, 화가 날 땐 어떻게 해야 할까? 우선, 화가 나는 것과 화를 내는 것을 구분할 필요가 있다. 화라는 감정 자체는 잘못된 것이 아니지만 화를 내는 것은 방법이나 타이밍에 따라 문제가 될 수 있기 때문이다. 사티어는 "화(분노)는 나의 존재가 무시당하고 상대방이 나에게 무리한 요구를 한다고 판단될 때 느끼는 감정이다. 화는 나를 보호하라는 메시지이다. 화를 억압하는 것은 자기를 억압하고 생명 에너지를 차단하는 것이며, 나의 존재마저 거부하는 것이다. 화를 건강하게 표현하는 방식을 배운다면 문제될 것이 없다"고 했다.

화가 난 이유를 찾는다

엄마들을 대상으로 화 코칭 워크숍을 진행하면서 언제 화가 나는지 설문했더니 "아이가 문제행동을 할 때"라는 대답이 가장 많았다. 구체적으로 말하면 아이가 울거나 무턱대고 짜증낼 때, 수없이 말해도 공격적인 행동을 반복할 때, 형제자매끼리 다툴 때, 잠 안 자고 더 놀겠다고 버틸 때, 엄마의 의도와 다르게 행동할 때, 특히 여러 번 얘기해도 안 들을 때 엄마들은 가장 화가 난다고 했다. 또 집안일과 육아를 돕지 않는 남편을 볼 때, 피곤하고 시간이 촉박할 때도 화가 많이 난다고 했다. 여러 가지 상황이 겹치면, 예를 들어 밤에 피곤해서 빨리 자고 싶은데 아이는 더 놀겠다며 장난감을 꺼내고 남편은 무심하게도 방에 들어가 자고 있다면 엄마는 넘치기 일보 직전의 전골냄비가 된다.

심리학에서 화는 2차 감정에 속한다. 겉으로는 화라는 모습으로 드러나지만, 진짜 감정은 따로 있다는 뜻이다. 안 자겠다고 버티는 아이에게 내는 화는 사실 피곤함이고, 아침에 "빨리, 빨리"를 외치며 내는 화는 사실 초조함이다. 엄마의 화 이면에는 슬픔, 걱정, 불안, 초조함과 같은 여린 감정들이 있다. 작고 섬세한 감정들을 계속 무시하면 어느 날 감정이 폭발해 아이에게 소리를 지르거나 체벌을 하게 된다. 우리 안의 감정은 언젠가는 표출되는데, 세심하게 돌보지 않으면 부적절한 시점에 부적절한 대상에게 부적절한 방식으로 표출된다. 그러니 부정적인 감정일수록 충분히 들여다보고 '그럴 수도 있다'고 인정하는 것이 중요하다.

화가 나는 데는 분명히 이유가 있다. 그 이유를 찾아서 소통하면 된다. 앞서 감정은 열망과 기대, 즉 '욕구'에서 비롯된다고 했다. 화도 마찬가지다. 아이의 행동은 화를 내게 하는 자극이지 진짜 원인은 아니다. 화가 났다면 아이 때문도 아니고 나쁜 엄마라서도 아니다. 엄마가 원하는 바가 있기 때문이다(그렇지 않다면 같은 행동을 어떤 때는 넘기고 어떤 때는 쥐 잡듯 잡겠는가).

사실 엄마들이 원하는 것은 큰 게 아니다. 휴식, 자기만의 시간, 마음의 평화와 안정 정도이거나, 때로는 자신의 노력과 수고에 대한 인정, 자신의 부탁에 대한 존중과 수용을 원한다. 또 일상이 계획대로 흘러가고,

엄마나 아내로서 권위를 갖기를 원한다. 이런 바람은 인간이라면 누구나 갖고 있는 것이다.

진솔한 감정 표현이 가장 좋은 화 표출법

화의 원인인 욕구를 파악했다면 다음은 표현할 차례다. 이때 주의할 것은 원하는 것을 이룰 수 있는 방식으로 표현하는 것이다. 화를 내기 좋은 시점은 나도 상대방도 마음이 편안한 상태일 때고, 방법은 '네가 문제야'라는 태도가 아니라 "나는 ○○을 원해. 그러니 앞으론 ○○해주면 좋겠어"리고 표현하는 것이 좋다. 상대방을 비난하며 표현하면 상대의 귀와 마음은 닫히고, 원하는 것을 얻을 확률은 떨어진다.

한 엄마의 얘기가 기억난다. 그 엄마는, 지나치게 활동적이어서 외출할 때마다 심장을 졸이게 하는 둘째 아이 때문에 고민하고 있었다. 아이가 찻길로 뛰어들었을 때는 심장이 쿵 내려앉을 정도로 놀라서 "너 왜 그래? 이게 얼마나 위험한 짓인 줄 알아?"라며 크게 화를 냈고, "너 차에 치이면 피 많이 나. 죽을 수도 있고, 병원 가서 아픈 주사 맞으면서 수술 받아야 해"라며 겁도 주었고, "한 번 더 이러면 앞으로 너 안 데리고 나온다"라고 협박도 하며 그 행동을 다시는 못 하게 하려고 애를 썼단다. 그러나 갖은 협박과 훈육에도 효과가 없었다. 그러던 어느 날 '엄마의 진심'을 전해야겠다는 생각이 스쳤고, 아이를 불러 눈을 바라보며 이렇게 얘기했다.

"엄마는 네가 다칠까봐 너무 겁나고 무서워. 네가 없는 세상은 상상할 수도 없어. 왜냐하면 엄마한테는 네가 정말 소중하거든. 찻길에 뛰어들다가 다치거나 아프게 되면 엄마는 정말 슬플 거야."

엄마의 진심은 아이에게 전달되었고, 놀랍게도 아이는 더 이상 찻길로 뛰어들지 않았다고 한다.

나그네의 옷을 벗기는 것은 차갑고 거센 바람이 아니라 따뜻한 햇볕이듯, 아이의 마음을 움직이는 것은 진솔하고 여린 감정의 표현이다. 강력한 화는 아이의 두려움을 자극해서 일시적이고 강제적으로 아이를 움직일 수 있을지는 몰라도 자발적인 변화를 이끌어내지는 못한다.

화 코칭 실전 연습

화의 이유는 욕구! 나를 자극한 사람 때문도 아니고, 내 인내심이 부족해서도 아닙니다. 무언가 필요한 게 있었던 것뿐이지요. 그러니 채워지지 않은 욕구가 무엇인지를 아는 것이 가장 중요합니다.

최근 화를 냈던 상황을 떠올려 보세요. 그때 필요한 게 무엇이었는지 나의 욕구를 적어보세요. 적당한 단어가 떠오르지 않으면 90쪽 욕구 목록에서 골라보세요.

상황	욕구
예) 남편의 휴식을 위해 아이들을 데리고 나갔다 들어왔는데 밥 차려달라고 하는 남편	예) 감사, 인정

화는 굶주린 욕구가 있으니 채워달라는 강력한 신호입니다. 위에 적은 욕구들을 채우기 위해서는 '네가 문제'라고 화를 내기보다 자신의 욕구를 솔직히 말하고 부탁해야 합니다. 위에 적은 상황에서 화를 내는 대신, 그때 뭐라고 말하면 좋았을지 적어보세요.

육아 중 만난
내 안의 어린아이

내 안의 아이를 만난 날

잠자던 시원이가 갑자기 흐느껴 울었다. "엄마…" 하며 울먹거리는 소리에 재빨리 아이를 토닥였다. 무서운 꿈을 꾼 걸까. 아이는 금세 진정이 되어 다시 잠들었다.

아이를 재우고 나니 문득 나도 저렇게 엄마를 불렀던 때가 있었겠지 하는 생각이 떠올랐다. 기억나지 않지만 내 마음 깊은 곳 어딘가에 기록되어 있을 어린 시절에 간절한 목소리로, 나 좀 봐달라고, 나 지금 무섭다고 외친 적이 있었겠지. 그럴 때 네 아이 독박육아로 바쁘고 지친 우리 엄마는 어떻게 반응해주었을까? 어슴푸레 짐작은 간다. 아마도 무심히 넘기셨을 게다. 어른이 된 나는 엄마가 그럴 수밖에 없었음을 이해한다. 그러나 내 안의 아이는 아직 아닌가 보다. 애탄 갈구에도 달래주는 이가 없어서 무섭고 외로웠다고 속삭였다. 그 외로움 끝에 결국 엄마 부르기를 멈췄겠지? 그래서 어린 내 눈에 세상은 차갑고 무심한 곳으로 자리잡았을 것이다.

어른이 되어서는 나약한 모습을 감추는 법을 익혔지만 아직도 내 안에 남아 있는 두려움과 처절한 외로움을 마주할 때가 있다. 비난받을까봐, 버림받을까봐 두려워 내키지 않는 요구에 응하고, 사랑과 인정을 받으려고 기를 쓰고 노력하는 나를 볼 때가 있다. 무서움에 떨고 있는 작은 아이, '너는 사랑받을 가치가 있는 아이일까?' 의심하는 그 아이가 보일 때가 있다.

쌔근 잠자는 시원이를 보며 내 안의 아이에게 말을 걸었다.

"많이 무서웠구나."

"누군가 봐주길 기다렸구나. 많이 기다렸지?"

"내가 옆에 있어줄게, 넌 혼자가 아니야. 내가 따뜻하게 안아줄게."

"네 마음을 소리 내어 말해도 괜찮아."

"누군가가 손가락질해도, 그래도 괜찮아."

"넌 사랑받을 자격이 있어. 세상 누구보다 널 사랑한다."

그 말을 들은 내 안의 아이는 조용히 흐느꼈다. 그러다 울음이 터져 나왔다. 얼마나 울고 싶었을까. 얼마나 따뜻한 손길을 기다렸을까. 자신이 '존재'해도 괜찮다는 걸 얼마나 확인받고 싶었을까. 아이는 한참을 울고 나서야 살짝 미소를 지었다. 눈물도 미소도 참으로 아름답다.

울먹거리는 시원이 덕에 잠이 깬 나는 과거와 현재를 오가며 새벽을 맞이했다.

내 안의 어린아이를 위한 무조건적인 공감과 인정

아이를 키우다 보면 문득 내 안의 아이와 만날 때가 있다. 그래서 이 시기는 참 특별하다. 기억에서 멀어졌던 어린 시절의 나와 만나는 소중한 기회가 되기 때문이다. 아이와의 시간은 무의식 깊이 잠들어 있던 오랜 기억들을 불러일으킨다. 어릴 때 나는 어땠을까 하는 호기심도 생기고, 해묵은 감정도 들춰진다. 잊고 있던 상처를 만날 때면 쓰리고 아프다.

아무리 노력해도 원점으로 돌아가는 내 인생이 지겨워 상담을 받은 적이 있었다. 표현예술치료를 하는 상담사는 내가 무슨 얘기를 해도 고개를 끄덕여준, 완전한 안전지대였다. 그녀는 대화를 길게 이어가지 않았다. 언어는 무의식으로의 진입을 방해하기 때문이란다. 대신 내 몸의 감각을 물었다. 떠오르는 대로 그림을 그리라고 했다. 몸을 움직이라고 하고, 내 움직임을 관찰하고 말로 표현하라 했다. 몸은 기억의 저장창고라고 했던

가. 몸의 감각에 귀 기울이면서 나는 곳곳에 숨어 있던 슬픔과 두려움을 마주했다. 처음엔 스며나오는 감정이 낯설어 꾹 참았다. 감정을 참으면 몸이 긴장한다. 입술에 힘이 들어가고 미간이 찌푸려졌다. 그녀는 그 순간을 놓치지 않았다.

나는 그동안 감정을 참으며 살아왔다는 사실을 깨달았다. 감정을 풀어주기로 했다. 이내 목을 놓아 울었다. 공부 열심히 하고 어른 말 잘 듣던 모범적인 아이의 탈을 벗어 던지고, 제발 바비인형 하나만 사달라고 애원하는 일곱 살 아이처럼 울었다. 논리적이지도 않고 납득도 안 됐지만 내 안에서 터져 나오는 슬픔과 두려움을 나는 그대로 꺼내놓았다. 울고 나면 물로 씻어낸 듯 개운해졌다. 새털처럼 후련하고 가벼워졌다. 상담소에서 나와 골목길에서 바라본 세상은 상담소를 들어가면서 본 세상과 완전히 달라져 있었다. 온 세상이 반짝거렸다.

《상처받은 내면아이 치유》의 저자 존 브래드쇼는 "인간의 핵심요소를 즉시 바꿀 수 있는 유일한 길은 내면아이와의 접촉을 시도하는 것이다"라고 말했다. "가족 체계의 역기능 때문에 어린 시절에 당연히 받았어야 할 사랑을 받지 못하고 누군가에게 충분히 의존하는 경험을 하지 못하면 내면에 슬픔을 간직하게 된다. 어른이 되어서라도 어린 시절 품은 슬픔을 애도하는 것이 중요하다"고 했다. 어린 시절에 받았어야 할 존중과 사랑을 받지 못하고 누군가의 품에 폭 안겨 보호받는 경험이 없다면 그 슬픔이 마음속 깊이 자리잡게 된다. 어른이 되어서도 그 슬픔을 마주하지 않으면, 우리는 결코 온전한 자기수용에 이를 수 없다.

브래드쇼의 말처럼 우리 안에는 아직도 자라지 못한 어린아이가 웅크리고 있다. 이 아이는 유치하다. 쉽게 삐치고 질투와 불평이 많다. 포용과 이해와 거리가 멀고 사랑을 갈구한다. 기대한 사랑을 못 받으면 미움으로 돌려준다.

내 안의 어린아이의 슬픔을 위로하자

엄마가 되고 나서 친정엄마를 원망하게 됐다는 엄마들이 있다. 그 엄마들은 이렇게 여리고 예쁜 아기였을 자신에게 왜 무관심하고 매정했는지, 친정엄마를 결코 이해할 수 없다며 서글퍼한다. 그래서 친정엄마의 손주 사랑이 때로는 질투가 나기도 한다. 이 모두가 어린 시절에 충분히 받지 못한 사랑에 대한 뼈아픈 아쉬움 때문이다. 아직 자라지 못한 내 안의 아이가 '나 좀 봐줘. 나 아파'라며 아우성치기 때문이다.

이 아이에게 "왜 그렇게 유치해?"라고 비난하거나 "조용히 좀 해"라고 강요하는 것은 통하지 않는다. 친정엄마에게 원망을 돌리는 것으로도 해결되지 않는다. 사랑과 공감이 고팠던 아이에겐 사랑과 공감이 밥이다. "그랬구나", "그럴 수 있겠다"가 최고의 공감이다. 인내심을 가지고 계속 들으면 점점 더 쏟아낼 것이다. 겁먹지 말고 계속 듣자. 내 안의 아이가 필요로 하는 것은 '들어주는 귀'다.

육아를 하는 동안 육아의 기쁨과 보람, 아이와의 애착과 신뢰 쌓기에 흡족하기보다 혼란과 무기력에 시달린다면 당신 안의 어린아이가 공감이 필요하다는 뜻이다. 그 아이에게 관심을 가지고 공감해주다 보면 깊이 치유될 수 있다. 이 시기를 놓치면 부모에 대한 이해와 용서, 자녀에 대한 건강한 분리가 어렵고 집착과 원망, 수치심에 사로잡힌 인생이 계속된다. 부모와 얼굴을 마주보고 화해하지 않아도 된다. 사과를 받는다고 반드시 용서가 되는 것도 아니기 때문이다. 그런 시도가 상처를 더 강화하기도 한다. 가장 중요한 것은 지기 스스로 내면에 고여 있는 슬픔을 느끼는 것이다. 자기 안의 어린아이의 마음을 경청하고 공감하고 인정해주는 것이다.

사실 모든 부모는 최선을 다한다. 자식을 사랑하기 때문이다. 그러나 그 최선이 자녀에게 충분하거나 적합하다는 법은 없다. 부모의 최선은 아이가 원하는 방식이 아닌 자기 방식인 데다 자기 수준에서 그치기 때문이다. 《가짜 감정》을 쓴 김용태 교수는 "사람들은 모두 자기애에 상처를 입는다. 어느 부모도 아이의 자기애를 온전히 만족시킬 수 없다. 부모 역시 불완전한 인간이기 때문이다. 그래서 인간에게 수치심은 피할 수 없는 감정이다"라고 했다. 그에 따르면 출생 후 아기는 '엄마와의 분리' 과정을 겪으며 불안을 겪고, 자기 존재에 대한 수치심도 쌓게 된다. 이 감정들이 밑바닥에 자리잡고 있으나 가정과 사회에 적응하며 바삐 사느라 잊게 된다. 잊고 있던 이 감정들이 내 아이 앞에서 자극되어 수면 위로 떠오른다. 그러니 엄마가 된다는 것은 내 안의 어린아이와 직면하고 그 아이를 위로 해줄 좋은 기회이다.

우리 안에는 상처받은 아이도 있지만 창의적인 아이의 모습도 있다. 그 아이는 내 안의 상처받은 아이와 다르게 발랄하고 순수하고 기발하다. 사랑이 넘치고 따뜻하다. 당신이 꿈꾸는 '좋은 엄마'의 모습과 닮지 않았는가?

좋은 엄마의 자질은 이미 우리 안에 있다. 사랑이 고픈 내 안의 어린아이의 목소리에 눌려 잘 들리지 않을 뿐이다. 내 안의 어린아이를 사랑해주면 우리 안의 좋은 엄마가 저절로 깨어날 것이다.

어린 시절 상처 돌보기

누구나 어린 시절의 상처가 있습니다. 바랐던 만큼 받지 못했던 사랑, 그래서 가졌던 원망을 마음에 품고 살아갑니다. 성인이 되어 잊고 지냈지만, 사실은 우리 안에 있지요.

알 수 없는 화가 치밀어 오른다면, 이유 없이 마음이 어지럽고 힘들다면, 내 아이를 보며 질투가 난다면 우리 안의 상처받은 아이가 소리 지르고 있는 것입니다. "나 좀 돌봐줘!"라고.

오늘은 우리의 어린 시절로 돌아가보면 좋겠습니다. 눈을 감고 열 살 이전의 나를 떠올려보세요. 떠오르는 여러 기억들 가운데 가장 아프고 힘든 순간을 찾아보세요. 그리고 아래 질문들에 마음속으로 답해보세요.

- 어떤 장면이 떠오르나요?

- 무슨 일이 있었나요?

- 누구와 함께 있나요?

- 무슨 말을 들었나요?

- 어린 내가 느끼는 감정은 무엇인가요?

- 그때 내가 원했던 것은 무엇이었나요?

- 간절히 원했지만 채워지지 않았던 것은 무엇인가요?

- 어린 내가 듣고 싶었던 말은 무엇인가요?

- 그때의 나를 만난다면 뭐라고 이야기해주고 싶으세요?

- 상처받고 아파하는 어린 나를 위해 뭘 해주고 싶으세요?

- 어린 내가 지금의 나에게 해주고 싶은 말은 무엇인가요?

답을 해보니 어떤가요? 답이 떠오르지 않는 질문은 그대로 두셔도 좋습니다. 한번 받은 질문은 언제고 답하게 되어 있으니까요. 아이를 키우면서 수시로 내 안의 어린아이가 튀어나올 거예요. 그때 이 질문지를 꺼내놓고 그 아이의 목소리에 귀 기울여주세요. 그러면 아이를 키우면서 나 자신도 키울 수 있답니다.

CHAPTER 3

나만의 한 시간을
만드는 법

하루 한 시간,
진짜 나와 만나는 시간

'엄마'라는 직업인에게 꼭 필요한 것

'오전에 세 시간 일하고, 점심을 먹은 뒤 두 시간 휴식, 오후에 세 시간을
더 일한 뒤 저녁 식사, 그 이후의 시간엔 좋아하는 일을 마음껏 하기!'

이것은 이상적인 국가상을 그린 명저 《유토피아》에 서술된 하루 일과
다. 여섯 시간의 노동 외에는 온통 자유 시간이라니, 듣기만 해도 황홀하
다. 엄마들은 아이한테 치이고 집안일을 해내느라 하루에 십 분도 온전히
자기만의 시간을 가지기 어려운데 말이다.

엄마들은 가족을 위해 '상시 대기 중'이다. 자다가도 아이가 칭얼대면
일어나 다독이고, 식사를 하다가도 아이가 응가를 하면 똥기저귀를 간다.
카페에 들렀다가도 아이가 어린이집에서 돌아올 시간이 되면 부리나케

집으로 달려간다. 아이만 엄마를 찾는 게 아니다. 양말 어디 있냐고, 인터넷뱅킹 업무를 해달라고, 아침식사와 한약 챙겨달라고 남편도 아내를 찾는다. 그래서 엄마의 시간은 모래알처럼 흩어지고 엉덩이 붙일 새 없이 분주하다. 시간을 허투루 쓰지 않는다는 면에선 기업의 CEO보다 탁월하지만, '나만의 시간'이 없으니 마음 한구석이 허전하다.

사실은 엄마야말로 자기만의 시간이 가장 필요한 사람들이다. 일단 시작하면 십 수 년 동안 퇴근도 월급도 없이 엄청난 책임을 짊어지고 강도 높은 노동을 해야 하는 것이 바로 엄마라는 직업이기 때문이다. 이런 일을 평생 해내야 하는 엄마에게 엄마, 아내, 딸, 며느리 등의 역할에서 벗어나 '진짜 나로 존재하는 시간'은 꼭 필요하다.

새벽독서로 온전한 나를 되찾다

나의 경우, 그 시간의 필요성을 처음 느낀 것은 아이의 첫돌이 지나서였다. 돌잔치를 치르고 한숨 돌리면서 내 친구, 내 취미, 내 취향, 내 일이 없어진 것을 알아차렸다. '나'가 사라진 것이다. 내게 주어진 엄마라는 역할을 잘 소화해내기 위해 한 선택이었으나 그 역할 때문에 '나'를 잊고 살 순 없는 노릇이었다. 아이를 사랑하지만 나의 삶도 사랑하기에 육아나 살림과 관계없는 '나를 위한 시간'이 필요했다. 아이가 크는 동안 나도 크고 싶었다.

'내가 가장 원하는 것은 무엇인가?'라는 질문을 나에게 던졌다. 책이 떠올랐다. 나의 의식을 깨워주고 영혼을 살찌울 책이 그리웠다. 그래서 2014년 새해를 시작하며 '책 50권 읽기'라는 목표를 세웠다.

책을 읽으려면 집중할 시간이 필요한데, 하루 중 방해받지 않고 집중할 수 있는 시간은 남들이 아침 기상을 하기 전인 새벽밖에 없었다. 낮 시간엔 아이가 낮잠을 자다가 깰 수도 있고 외출하는 날도 있으니 아무래도 집중하기가 힘들었고, 밤엔 차분히 책을 읽기엔 내 몸이 너무 지쳤다. 집중이 잘되고 에너지도 넘치는 시간은 새벽뿐이었다.

사실 임신했을 때부터 이 년 동안은 밤 12시부터 아침 8시까지 잠을 잤었다. 그런데 그 습관을 바꿔서 새벽에 일어나 책을 읽겠다니, 참으로 무모한 목표였다. 그만큼 잃어버린 '나만의 시간'이 간절했다. 간절함이야말로 변화의 가장 큰 원동력이다. 간절하면 못할 것이 없다. 반대로, 간절하지 않으면 어떤 비법도 통하지 않는다.

나는 어떻게든 새벽독서를 실천하기 위해 방법을 궁리했다. 아이가 자면 함께 잤고, 새벽독서 일기를 적고, 한 달 간격으로 지난날들을 돌아보고 다음 달을 계획하는 시간을 가졌다. 새벽 기상 프로그램에 등록해 도움도 받았다. 백 일간 운영되는 프로그램이었는데, 의지가 약해지고 흐트러질 때마다 나를 붙잡아주었다.

그 과정은 평탄치 않았다. 아이는 새벽마다 옆을 비우는 엄마를 찾느라 여러 차례 깼고, 호시탐탐 거실로 나가려는 엄마가 불안했는지 실눈을 뜨고 나를 관찰하기도 했다. 잠들었다 싶어 일어나면 다시 앵~ 우는 아이를 토닥이느라 책에 온전히 집중할 수 없었다. 게다가 새벽에 일찍 일어나는 일이 익숙하지 않아 눈꺼풀이 자꾸 무거워지는 날도 많았다.

그렇게 고생하기를 삼 주 정도 하다 보니 점점 습관이 잡혀갔다. 습관이 형성되는 데 이십일 일이 걸린다는 말이 있는데 나 역시 정확히 이십일 일이 지나면서 밤 9시 30분쯤 아이와 함께 잠들고 새벽 4시에 눈을 뜨는 게 자연스러워졌다. 아이도 새벽 4시만 되면 거실로 나가는 엄마의 행동에 익숙해져서 4시에 젖을 먹고 나면 6시까지 깨지 않고 쭉 잤다.

재미있는 건, 직장인들보다 애엄마인 내가 새벽에 일어나기 쉬웠다는 점이다. 직장인들은 회식이나 야근이라도 하면 제 시간에 잠자기가 어렵고, 늦게 자면 자연히 늦게 일어난다. 나에겐 저녁 약속이나 야근이 없으니 아이를 재우고 난 뒤의 시간은 전적으로 나의 재량에 달려 있었다. 물론 스마트폰의 강력한 유혹이 있지만 잠드는 시간을 통제하기가 직장인보다 쉬웠다. 엄마라서 어디 못 간다고 아쉬워했는데, 새벽에 일어나려니 오히려 좋은 조건으로 작용한 것이다.

'진짜 나'와 만나 행복해지는 시간

일 년간의 새벽독서는 '좋아하는 걸 하자'는 애초의 의도를 넘어 생각지도 못한 선물까지 주었다. 책과 함께 새벽에 오롯이 나만의 시간을 가지면서 필요한 책을 알아보는 안목이 생겼다. 서점이나 기관에서 마련한 베스트셀러나 필독서가 아니라 내 호기심에 맞는 책을 골랐고, 고민이 생기면 그 고민에 대한 답을 주는 책이 눈에 띄었다. 내 고민을 정확한 언어로 풀어낸 구절을 읽으면서 감응했다. 책을 읽을수록 내 마음은 단어를 찾고 문장을 만들어갔다. 그렇게 쓴 글은 블로그와 육아 카페로 옮겨졌고, 교육잡지에 실리는 영광도 누렸다. 글을 읽은 엄마들의 요청에 따라 수업도 개설했다. 그렇게, 어느 순간부터 일이 시작되었다.

처음 새벽독서를 할 때만 해도 나는 엄마들을 위해 강의하고 코칭하고 글을 쓰게 될 줄 몰랐다. 그러나 읽고 쓸수록 내 마음의 소리에 귀를 기울이게 되었고, 그 소리는 '엄마들'을 향했다. 엄마들의 고민과 바람, 엄마들의 고통과 열정에 점차 주목하게 되었다. 지금 이 책도 전적으로 돌쟁이 아이를 키우며 새벽마다 책을 읽고 글을 쓰던 그 시점에서 시작되었다. 밥벌이와 사회적 인정, 성과를 생각하지 않고 마음의 소리에 주목할 수 있었던 그 시간 덕에 천직을 찾은 것이다.

《월든》의 저자 헨리 데이비드 소로는 자신이 살고 싶은 대로 하루를 설계했다. 월든 호수에 몸을 담그는 것으로 아침을 열었고, 오전에는 독서와 명상, 밭 가꾸기를 했다. 오후엔 평균 네 시간 정도의 산책, 저녁엔 일기와 책 쓰기가 이어졌다. 세상의 상식을 따르지 않고, 자신의 리듬대로 하루를 살았다. 이 년간의 의도적인 고립과 실험 끝에 탄생한 것이 불멸의 고전 《월든》이다. 소로의 말처럼 생산과 성공을 향한 조급한 발걸음은 창조를 방해한다. 멈춰 머무르고, 의미를 곱씹고, 내면의 목소리에 귀 기울이고, 낯선 것을 연결시킬 때 창조가 가능해진다.

아이를 돌보는 엄마는 어찌보면 세상에서 고립된 존재다. 그래서 힘들지만, 반대로 얻는 것이 있다. 사회가 제시하는 '바른 길'에서 한발 비켜나 있기에 '내 길'을 모색할 수 있는 기회가 생긴다. 대학, 졸업, 취업, 결혼, 임신과 출산이라는 인생 과제들을 수행하느라 보지 못했던 세상, 듣지 못했던 내면의 소리와 만날 수 있는 최초의 기회인지도 모른다. 그 시간만큼은 세상의 상식과 사회의 속도를 따라잡으려고 애쓰지 않아도 된다. 생산성과 효율성을 최고의 가치로 삼아 성과에 집착하지 않아도 된다.

'하루 한 시간 나만의 시간'은 '진짜 나'와 만나는 시간이다. 〈하루 한 시간, 나만의 시간〉은 '온전한 나'의 삶에 대해서 돌아보고 설계하는 시간이고, 좋아하는 것과 잘하는 것을 실험해볼 시간이고, 무엇에 행복해지는지 자기가 간절하게 원하는 것이 무엇인지 찾고 채워줄 시간이다. 삶이란 '진짜 나'를 찾아가는 과정이 아니던가. 어제보다 조금 더 나다워진다면 그것이 잘사는 것이다. 부모라는 역할을 넘어선 '진짜 나'를 찾는 것은 부모이기에 더 해야 하는 것이다. 소중한 아이의 행복을 위해 더 잘살아야겠다고 다짐하는 게 부모 아니던가.

나에게 맞는 시간 선택하기

엄마가 선택할 수 있는 자기만의 시간은 세 종류가 있습니다. 새벽, 아이의 낮잠 시간, 그리고 밤. 모두 아이가 잔다는 것을 전제로 합니다. 아이가 기관에 다니기 시작하면 어느 정도 시간을 확보할 수 있게 되겠지만, 우선은 아이가 아직 어려서 데리고 있다고 생각하고 활용 가능한 시간을 찾아보겠습니다. 각 시간대별로 장단점이 있으니 어느 시간대가 자신에게 가장 적합한지 생각해보세요.

	장점	단점
새벽	• 전화, SNS, 초인종 등 외부의 방해가 없어 몰입이 잘된다. • 스스로 부지런하다는 생각이 들고 충만하고 경건한 마음이 든다. • 하루를 미리 계획할 수 있다.	• 일어나기 힘들다. • 졸음을 쫓느라 힘들다. • 밤에 아이를 재우고 TV를 보고 싶은 유혹을 참기 힘들다. • 겨울에는 잠의 유혹이 강렬하다.
아이의 낮잠 시간	• 하루의 남은 절반을 버틸 에너지를 충전할 수 있다.	• 아이가 언제 깰지 몰라 긴장된다. • 외출을 하게 될 경우 중단된다. • 전화, SNS 등 방해요인이 많다.
밤	• 올빼미족의 경우 기존 수면 습관을 바꾸지 않아도 된다. • 하루를 돌아보는 시간을 가질 수 있다.	• 몸과 마음이 지쳐 있어 쉬고 싶은 유혹이 크다. • 하루에 있었던 일들로 머리가 복잡하면 몰입이 어렵다. • 다음날로 미루기 어려운 급한 일들이 눈에 띈다.

이 중 자신에게 가장 적합한 시간은 언제인지 골라보세요. 하루 중 몇 시부터 몇 시까지 얼마 동안 자기만의 시간을 가지면 좋을까요?

시 ~ 　　　　시 (총 　　　분)

내일 일은 내일로,
시간 가지치기

일상 재구성하기

나무는 가지치기를 하지 않으면 가지끼리 서로 상처를 줄뿐더러 병충해도 잦다. 가지마다 자잘한 열매가 많이 달리는 나무는 그 무게를 견디지 못해 가지가 부러지기도 한다. 햇빛을 못 받은 아래쪽 가지의 열매는 품질이 떨어지고 생산량과 맛도 떨어진다. 그러므로 평상시에 죽은 가지나 부러진 가지, 병든 가지를 틈틈이 제거해주고 이른 봄과 늦가을에는 서로 부딪히는 가지, 잎이 무성해서 공기 순환을 방해하는 가지들을 쳐줘야 한다. 그래야 나무의 모양도 보기 좋고 굵직한 열매를 맺을 수 있다.

시간도 나무처럼 가지치기가 필요하다. 시간의 가지치기란 자신에게 중요한 순위대로 일상을 재구성하는 것이다. 소중하고 의미 있고 즐거운 시간은 늘리고, 기운 빠지고 억지로 하는 일들을 줄여나가는 것이다. 가지치기하지 않은 일상은 여기저기로 시간이 새나가고, 하는 것 없이 바쁘다.

'먹지 않으려고 입을 꼭 다물고 손을 내저어도 얼굴을 돌려도 어느새 내 입 속으로 기어들어와 목구멍으로 스르르 넘어가버리는 시간. 오늘도 나는 누에가 뽕잎을 먹듯 사각사각 시간을 갉아먹고 있다.'

전순영의 시《시간을 갉아먹는 누에》의 구절이다. 엄마들의 뽕잎을 갉아먹는 누에는 무엇일까? 엄마들의 몸과 정신에 빨대를 꽂고 에너지를 쪽쪽 빨아먹는 일은 무엇일까? 무엇을 가지치기하면 하루 한 시간을 챙길 수 있을까?

일상에서 일어나는 일은 크게 세 종류다.

❶ 일상 유지를 위해 꼭 필요한 일
❷ 갑자기 부탁받은 일
❸ 급하지도 중요하지도 않은 일

무리하지 않기

❶ **일상 유지를 위해 꼭 필요한 일**은 그다지 선택의 여지가 없을 것 같지만, 꼭 그렇지도 않다. 설거지의 경우, 쌓여 있는 그릇을 봐넘길 수 있다면 하루나 이틀에 한 번 하는 것이 시간을 훨씬 줄여준다(간소화하기). 또는 나

만의 시간에 하지 않고 아이가 혼자서 놀 때 휘리릭 하면 일같지 않게 처리할 수 있다(틈틈이 하기). 설거지 자체가 너무 싫다면 식기세척기 장만도 고려해볼 만하다. 살림을 즐기지 않는 엄마라면 살림 중에서도 특히 하기 싫은 일은 다른 사람에게 넘기는 것이 좋다(위임하기). 이웃의 한 엄마는 설거지 중에서도 수저를 씻는 것이 너무 싫어서 그 일만은 남편에게 넘겼더니 설거지 스트레스가 훨씬 줄어들었다고 한다.

나에겐 제일 귀찮은 일이 빨래 개기와 정리하기다. 우리 집도 이 일은 남편 몫이다. 반짝거리는 거실 바닥, 깨끗하게 씻긴 그릇, 착착 정리된 옷장에서 기쁨을 느끼는 엄마라면 오히려 살림에 쓰는 시간을 늘리는 것이 좋지만, '해야 하니까'라는 이유로 억지로 하고 있다면 과감히 줄이는 것이 좋다. 세상에 당연한 건 없다. 내 살림이니 내 수준에서 내 스타일대로 하면 된다.

만약 스스로 해내기는 힘든데 자기만의 기준을 낮출 수 없다면 어떻게 해야 할까?

두 아이를 친정엄마에게 맡기고 간호사로 일하는 미희 씨는 늘 아이들의 먹을거리가 마음에 걸렸다. 두 아이를 돌보는 것만으로도 힘들어하는 친정엄마에게 차마 반찬까지 신경 써달라는 말은 못 하지만, 한두 가지 반찬으로 식사하는 아이들이 안쓰러운 건 어쩔 수 없었다. 결국 그녀가 나섰다. 없는 시간 쪼개서 아이들 반찬을 만들었다. 그랬더니 몸이 결국 탈이 나서 병원비가 더 들었다. 이런 경우 차라리 가사도우미의 도움을 받는 것이 낫다. 비용이 들긴 하지만 자기 시간을 갖고 몸도 챙기면서 원하는 수준의 생활을 할 수 있다.

용기 내 거절하기

❷ **갑자기 부탁받은 일**은 두 가지로 나뉜다.

갑작스럽게 사정이 생겨서 한두 번 부탁하는 경우가 첫 번째다. 이 경우엔 사정을 들어보고 판단하는데, 되도록 들어주는 것이 좋다. 그러면 상대는 고마워할 것이고, 관계는 돈독해질 것이다.

두 번째는 상습적으로 부탁하는 경우다. 친절의 가치를 못 알아보고 감사 표현도 없으면서 으레 해줄 것으로 알고 부탁한다면 거절하는 것이 마땅하다. 수고의 가치를 모르는 사람에게는 수고를 베풀 가치가 없다. 타인의 부탁을 다 들어주다 보면 자신의 생활을 이어갈 수 없다.

자신보다 타인을 우선으로 여기고 거절하지 못해 고달픈 사람은 '좋은 사람의 함정'에 빠졌다고 할 수 있다. 이들은 타인의 기대에 숨 막혀하면서도 상대가 실망하거나 관계가 깨질까봐 싫은 마음을 숨기고 부탁을 들어주고 만다. 그러다 어떤 일을 계기로 숨겨왔던 감정이 폭발하면 주위 사람들은 충격을 받고, 자기 자신은 '나쁜 감정은 드러내면 안 된다'는 잘못된 믿음을 쌓는다. 그리곤 다시 분노를 억압하는 악순환에 빠진다. 거절은 자기보호를 위해 꼭 익혀야 할 능력이다. 관계를 지키느라 거절을 못 하면 자신을 지키지 못한다.

소심해서 거절을 못 하던 여성이라도 엄마가 되면 자연스럽게 의사표현 능력이 커진다. 아이가 맞았을 때, 낯선이가 불쑥 아이를 만질 때 아무 말 못 하고 가만히 있을 수 있겠는가?

만약 부탁한 사람이 집안 어른, 선생님, 상사처럼 거절하기 어려운 사람이라면 적당한 요령이 필요하다. 먼저, 단번에 자르지 않고 여지를 두는 것이다. "좀 어려울 것 같긴 한데, 생각해볼게요", "가능할지 확인해보고 연락드릴게요"와 같은 말이면 충분하다. 그리고 나서는 빠른 시간 내에 다시 연락을 주어야 한다. 며칠씩 기다리게 했다가는 거절하기가 어려워지고, 기다리는 상대도 다른 대안을 찾기가 어려워져서다. 다시 연락해서 "아무래도 어렵겠어요. 도움이 못 되어 죄송합니다"라고 말하면 된다.

이때 사정을 간단히 언급하는 것은 도움이 되지만, 미안한 마음에 구구절절 변명을 늘어놓을 필요는 없다. 차라리 대안을 제시하는 것이 좋다. 적당한 다른 사람을 소개시켜주거나, 지금은 안 되지만 부탁을 들어줄 수 있는 다른 때를 알려준다거나, 그 일을 해줄 수는 없지만 대신 정보를 제공해줄 수 있다. 관계는 결코 몇 번의 거절로 단절되지 않는다. 돈독한 관계 형성을 위해서는 거절 못 해 억지로 하는 것보다 할 수 있는 것 외엔 거절하는 것이 훨씬 낫다.

낭비하는 시간 가려내기

❸ **급하지도 중요하지도 않은 일**은 시간을 낭비하게 하는 주범이다. 이런 일이야말로 과감한 가지치기의 대상이다.

그룹 코칭에 참여한 엄마들이 가장 많이 가지치기한 것은 TV와 스마트폰이었다. 이 두 가지는 휴식에 도움이 되지도 않으면서 한번 시작하면 손에서 놓기 어렵다. 한두 시간이 훌쩍 흘러간다. 엄마들은 TV를 치우고, 스마트폰 사용 시간을 제한하고, 시간을 잡아먹는 애플리케이션들을 스마트폰에서 지웠다.

그 외에도 소비적이면서 의미 없이 시간을 잡아먹는 활동으로 육아용품 서핑, 수다 모임 등을 꼽았는데 이 일들이 일상의 중심에 있다면 영양가 없이 시간을 보내기 쉽다.

가지를 톱으로 자르고 가위로 잘라내는 작업은 그리 쉬운 일이 아니다. 나뭇가지가 하나둘 잘려나가는 순간 연약한 맨살이 드러나고 아프다. 그러나 그 상처가 두려워서 가지를 쳐내지 않으면 나무 전체가 자라지 못한다. 자를 땐 바짝 잘라 순이 다시 나오지 않도록 하고, 자르고 나선 드러난 맨살에 치료제 겸 보호제인 도포제를 발라줘야 병균이 침입하지 않는다.

사람도 나무와 같다. 할 일이 많은 사람은 중요한 일에 집중을 못 한다. 외부에서 밀려들어오는 부탁과 강요, 스스로 정해놓은 높은 기준, 에너지를 갉아먹는 사람과 일의 틈바구니 속에선 소중한 시간을 지켜내지 못한다. 그러니 자잘한 일들은 모두 잘라내자. 정신을 흐트러뜨리는 부탁도 모두 거절하자. 집중은 반드시 무언가를 버리는 선택을 내포한다. 소중한 것을 지켜내려면 덜 소중한 것을 버리는 과감함이 필요하다.

가지치기 연습하기

시간 가지치기를 통해 일상의 여유를 되찾는 연습을 해봅시다. 먼저, 오늘 하루 무슨 일을 했는지 적어볼까요? 하루가 너무 짧다면 지난 한 주간 한 일을 적어보세요.

> [오늘 한 일 또는 지난 1주간 한 일]

위에 적었던 일들을 다음의 세 가지로 분류해보세요.

> [일상 유지를 위해 꼭 필요한 일]
>
> [갑자기 부탁받은 일, 급한 일]
>
> [급하지도 중요하지도 않은 일]

이 중에서 줄일 수 있는 일과 방법에는 무엇이 있을지 적어보세요. 그리고 실천해보세요.

줄일 수 있는 일	방법

여유를 되찾아주는
디지털 디톡스

나쁜 건 알지만 떼놓을 수 없는 스마트폰

2014년에 발표된 논문 〈영아기 자녀를 둔 어머니의 스마트폰 중독 결정 요인〉에 따르면 영아기 자녀를 둔 엄마 중 16.4%가 스마트폰에 중독되어 있다고 한다. 같은 해 성인 여성의 스마트폰 중독 비율인 8%보다 두 배 이상 높은 수치였다. 논문에서는 영아기 자녀를 둔 엄마들이 스마트폰에 더 잘 중독되는 이유로 '육아 스트레스'를 꼽았다. 논문이 밝힌, 육아 스트레스가 생기는 상황은 세 가지로 정리된다. 자신의 행동에 아이가 적극적으로 반응하지 않을 때, 아이를 위해 한 노력을 크게 인정받지 못했을 때, 아이의 발달이 기대에 못 미칠 때이다. 세 가지 모두 엄마들에게 자주 일어나는 일들이다.

스마트폰 과다 사용으로 겪는 부작용이 만만치 않다. 전체 스마트폰 이용자의 45%가 수면장애를 겪었으며 43.1%가 안구건조증을, 41.3%가 목·손목·허리 통증을 겪은 것으로 확인됐다. 스마트폰 사용은 수면 유도 호르몬인 멜라토닌 분비를 억제해 수면장애를 일으키고, 디지털격리증후군(만나는 것보다 스마트폰으로 소통하는 것이 더 편한 증상), 팝콘브레인(팝콘이 터지는 듯한 강렬한 자극이 아니면 무감각해지고 주의력이 떨어지는 증상) 등의 부작용을 불러온다. 그뿐인가? 스마트폰은 독서와 사색을 빼앗아간다. 신호등을 기다리는 동안, 엘리베이터를 타는 사이, 화장실에 앉아서 멍 때리던 시간들을 스마트폰이 빼곡히 채운다. 그 결과 우리는 여유와 여백을 잃었다. 점점 더 쫓기고 더 바빠졌다. 편리함을 위해 개발한 기계에 오히려 점령당했다.

아이들에겐 어떨까? 2014년 육아정책연구소는 스마트폰 최초 노출 시기가 2.27세이며, 영유아 스마트폰 이용률이 53.1%(0~2세 영아 34.9%, 3~5세 유아 68.4%)에 달한다고 발표했다. 영유아 스마트폰 사용의 유해성은 신체와 정서 발달을 방해하는 것은 물론, 타인과의 상호작용을 방해한다. 자세히 말하면, 타인의 표정과 몸짓에 실린 의도를 파악하고 소통하는 법을 배워야 할 시기에 자극적이고 일방적인 영상에 노출되면 현실감각이 떨어지고 타인의 감정에 둔감해지는 부작용이 생긴다.

그런데도 엄마들은 아이 옆에서 스마트폰을 사용하고 아이에게 스마트폰을 쥐어준다. 육아정책연구소의 조사에 따르면 아이가 스마트폰을 가장 많이 보는 장소는 놀랍게도 집(71.9%)으로 나타났다. 카페와 식당(9.5%), 차 안(7.8%)에서 아이를 달래려는 목적으로 사용하는 경우보다 월등히 많다. 가장 큰 이유는 '아이가 좋아해서'(70.9%)였다. 또래와의 공감대 형성(12.5%), 정보 검색 및 지식 습득(4.8%)보다 훨씬 비율이 높다. 정신분석가 이승욱은 한 인터뷰에서 "0~3세 아이에게 스마트폰을 주는 것은 미친 짓이다. 스마트폰을 보면 아이들의 사고는 그 네모난 기계 안에 갇힌다. 스마트폰을 보여주지 말라는 얘기는 너무나 당연해서 언급할 가치조차 없다"고 말했다.

그 위험성을 알고 있어서일까? 스마트한 세상을 이끄는 세계적인 IT 리더들은 오히려 스마트폰을 비롯한 IT 기기들의 사용에 인색하다. 구글의 전 회장인 에릭 슈미트는 "하루 한 시간이라도 휴대폰과 컴퓨터를 끄고 사랑하는 사람과 눈을 맞추며 대화하라"고 했고, 스티브 잡스도 생전에 자녀들에게 아이패드 사용을 허락하지 않았다. 페이스북 창업자 마크 저커버그는 갓 태어난 딸에게 13세 이전에 페이스북 계정을 갖지 못하게 하겠다고 공언했다. 미국 실리콘밸리 IT 기업 직원들이 자녀들을 컴퓨터가 아예 없는 발도르프 학교에 보내는 것도 잘 알려진 사실이다. 컴퓨터가 창의적인 사고와 주의력을 훼손한다는 사실을 알기에 아날로그 교육을 추구하는 것이다.

엄마들은 스마트폰의 위험성은 알지만 스마트폰을 떼어놓을 수 없다고 말한다. 스마트폰이 모든 것을 제공하기 때문이다. 스마트폰은 정보 제공처이자 카메라이고 내비게이터다. MP3, 계산기, 알람시계, 다이어리, 어린이집 알림장, 녹음기, 은행, 콜택시, TV 그리고 영화관까지 다 들어 있다. 세상에서 고립된 엄마들에게 스마트폰은 세상과의 연결통로이며, 육아 고민 해결사이며, 토닥거려주는 친구이며, 지치고 쉬고 싶을 때 재밌거리를 제공해주는 엔터테이너다. 그러니 스마트폰 없는 생활을 어찌 상상하겠는가.

그런데 아이러니하게도 외로워서 스마트폰을 보기 시작했는데 볼수록 더 외로워지고, 쉬려고 스마트폰을 보지만 그 사이에도 뇌는 쉴 새 없이 움직여 우리를 만성 피로의 길로 이끈다는 사실을 아는가.

스마트폰을 내려놓고 아날로그적 감성 살리기

그러니 스마트폰은 필요악이다. 많이 쓰면 해롭고, 없이 살 수 없기에 사용 시점과 용도를 조절하는 지혜가 필요하다. 스마트폰에 대한 의존도를 낮추고, 그것을 대체할 방법을 찾아보는 것이다. 미국 워싱턴포스트는 스마트폰 사용 조절법 다섯 가지를 아래와 같이 소개했다.

❶ 침대로 스마트폰을 가져가지 말 것

❷ 이메일 계정을 로그아웃해둘 것

❸ SNS와 모바일 메신저의 알림 기능을 꺼놓을 것

❹ 스마트폰이나 컴퓨터 화면 대신 종이책을 볼 것

❺ 온라인 접속 시간을 측정해 스스로 조절할 것

스마트폰이 없으면 심심해서 못 살겠다는 사람들이 있는 반면, 디지털 기기 없이 자연에서 아날로그적인 삶을 체험하는 디지털 디톡스 캠프도 있다. 투숙객이 디지털 기기를 반납하면 요금을 할인해주는 호텔도 생겨 나고 있다. 나도 스마트폰 사용을 자제하려고 애를 써봤지만 실패하기를 반복하다가 이 년 전 안동 가족여행을 계기로 습관을 바꾸게 되었다.

여행을 떠나기 전 우리 부부는 여행 중에는 스마트폰을 아예 사용하지 말자는 약속을 했다. 도시의 바쁜 일상에서 탈출해 느긋하게 즐기러 가는 취지에 충실하기 위해서였다. 그래서 숙소 예약만 하고 맛집 정보, 여행지 정보, 할인 정보, 여행 루트 하나 없이 출발했다.

몇 십 분도 안 되어 우리는 그 계획이 얼마나 도전적인지 깨달았다. 바로바로 정보를 찾아주는 스마트폰이 없으니 불안하고 허전했다. 그러나 약속을 한 체면이 있어 다른 방법들을 찾아보았고, 덕분에 여행의 진짜 멋을 발견했다. 경치 따라 낯선 길을 무작정 가고, 맛집이 아닌 숙소 근처 아늑한 카페에서 차를 마셨으며, 우연히 발견한 공원에서 맥주 한 캔씩 마시기도 했다. 길을 잃으면 거리에서 만난 사람들에게 물었고, 눈길이 가는 곳에 멈춰 풍경을 눈에 담고, 모래놀이를 하는 아이 곁에서 유유자적 시간을 보냈다. 그야말로 마음 가는 대로 머물고 발길 가는 대로 걸었다. 스마트폰을 찾는 대신 서로의 손을 잡고 서로의 눈을 바라보았다. 만약 인터넷에서 찾은 맛집과 여행지를 따라 다닌 여행이었다면 우연한 재미도 오랜 추억도 없었을 것이다.

일상으로 돌아와서도 스마트폰을 대체할 아날로그적 방식을 계속 찾고 있다. 스마트폰 캘린더와 메모장 애플리케이션 대신 마음에 드는 표지의 다이어리를 하나 장만해서 일정부터 일기까지 손으로 꾹꾹 눌러 적는 맛을 즐기는 중이다. 모바일 메신저도 스마트폰에선 확인만 할 뿐 메신저 대화는 컴퓨터 앞에 앉았을 때 몰아서 한다. 노안과 손목 통증, 초조함을 예방하기 위해서다. 급할 때는 문자나 메신저 대신 전화 통화를 하는 것도 새로 들인 습관이다. 육아 카페나 중고물품 카페에서의 유랑도 멈췄다. 대신 엄마들을 만나고, 벼룩시장을 간다. 스마트폰 바탕화면에는 꼭 필요한 애플리케이션만 있고 사용 빈도에 따라 정렬되어 있다.

스마트폰은 지나치면 내 생활을 잠식하고 만다. 자신의 필요에 맞게 조절해보면 어떨까? 스마트폰 없는 삼십 분이 얼마나 긴 시간인지 놀랄 것이다.

스마트폰 사용 시간 조절하기

오늘도 스마트폰과 친하게 지냈나요? 현재 스마트폰 사용량이 지나친지, 아니면 지금 이대로도 괜찮은지 점검을 해볼까요? 자신에게 해당하는 내용에 체크해보세요.

스마트폰 중독 자가진단법

1. 스마트폰이 없으면 불안하다.

2. 스마트폰을 잃어버리면 친구를 잃은 느낌이 든다.

3. 하루에 2시간 이상 스마트폰을 사용한다.

4. 스마트폰에 설치한 앱이 30개 이상이고 거의 모두 사용한다.

5. 화장실에 스마트폰을 가지고 들어간다.

6. 스마트폰 키보드가 쿼티 키보드(PC, 타자기의 키보드 방식. 익숙한 것이 장점)이다.

7. 스마트폰 타자 속도가 매우 빠르다.

8. 밥을 먹다가도 스마트폰 알림 소리가 나면 바로 달려가서 확인한다.

9. 스마트폰을 보물 1호라고 생각한다.

10. 스마트폰으로 쇼핑을 한 적이 2회 이상 있다.

체크한 항목의 수에 따라 자신이 스마트폰 중독인지 아닌지 알 수 있어요.

- 1~2개: 양호
- 3~4개: 위험군
- 5~7개: 스마트폰 중독 의심
- 8개 이상: 스마트폰 중독

〈출처: 한국기술개발원〉

5개 이상에 체크했다면 적극적으로 스마트폰 사용을 줄이려는 노력을 해야 합니다. 자기만의 시간을 확보하고, 편안한 육아, 아이와의 적극적인 상호작용을 하기 위해서 말이지요. 스마트폰 사용을 줄이는 방법은 다음과 같습니다.

용도	스마트폰으로 하는 일	스마트폰 외의 대안
정보 검색	포털사이트나 육아 카페를 통한 정보검색	주변에 알 만한 사람에게 묻기, 독서, 정보 없이 직감으로 결정하기, 사색(자기에게 묻기)
관계 유지	인터넷 카페나 모바일 메신저를 통한 관계 유지	전화하기, 편지 쓰기, 만나기
휴식, 오락	웹툰, 게임, 드라마	만화책 읽기, 영화 보기, 취미생활하기
일정 관리, 기록	할 일, 약속, 유용한 정보의 기록	수첩, 달력, 작은 화이트보드 활용하기

앞으로 스마트폰 사용 시간을 줄이기 위해서 어떤 노력을 할 건가요? 3가지를 정해 자신과 약속해보세요.

약속 1. _____

약속 2. _____

약속 3. _____

미니멀리즘이 대세,
작은 육아

물건에서 자유로워지기

우리 집엔 물건이 별로 없다. 그래서 우리 집을 방문하는 손님들은 "아이 키우는 집 같지 않다"며 놀란다. 결혼할 때부터 침대, TV, 소파, 에어컨을 들이지 않았고, 아이가 태어나서도 가습기, 공기청정기는 물론 전집과 소위 '국민장난감'을 사지 않았다. 가습기 대신 수건을 적셔서 널고, 기저귀함 대신 바퀴 달린 바구니를 샀다. 그 바구니는 나중엔 장난감 정리함으로 썼다. 아기욕조 대신 큰 대야를 사서 목욕이나 빨래할 때 썼고, 이유식을 줄 때는 집에 있는 식기를 그대로 사용했다. 아이 책은 일곱 살인 지금 백여 권 정도가 있는데 원래 있던 책장 중 하나를 눕혀서 꽂아줬고, 아이 옷장도 원래 있던 옷장 중에서 하나를 아이 것으로 쓰고 있다. 장난감이든 옷이든 새로 산 것보다는 물려받거나 벼룩시장에서 구입한 것이 더 많다. 그래서일까? 사람들은 우리 집을 참 신기해한다.

세상에는 날마다 새로운 육아용품이 쏟아진다. 마트에 가면 물건이 넘쳐나고, 신용카드 한 장이면 원하는 것을 다 살 수 있다. 인터넷은 아이의 발달을 위해 이것도 필요하고 저것도 필요하다고 손짓한다. 아이를 위한 소비가 '좋은 부모 자격증'처럼 여겨지고, 아이 교육에 대한 투자가 부모로서의 기본 의무가 되어버렸다. 육아 카페엔 '9개월 아기, 장난감 뭐 사줘야 해요?', '네 살 아이, 전집 뭐가 좋을까요?'라는 글들이 매일같이 올라온다. 소중한 아이가 예쁘고 부족함 없이 자라길 바라는 마음이 담긴 글이다. 그 영향으로 소비는 늘어나고, 늘어난 소비를 감당하고 교육비를 마련하기 위해 부모들은 어쩔 수 없이 맞벌이의 길을 선택한다.

《내 아이를 망치는 과잉육아》의 킴 존 페인은 너무 빠르게 돌아가는 세상에서 아이들에게 느리고 조용하며 편안한 환경을 만들어주라고 조언한다. 바깥세상엔 미디어, 정보, 스케줄, 먹을거리, 놀거리가 지나치게 많기 때문에 가정에서는 덜고 줄여서 심심할 정도로 단순하게 만들어줘야 한다는 것이다. 특히 방 하나를 가득 채운 장난감, 거실 벽 한쪽을 가득 채운 책들은 아이의 필요보다는 부모의 불안에서 사들인 것이며, 아이들을 오히려 산만하게 만든다고 경고한다. 그가 제시하는 육아 가이드라인 중에서 몇 가지 유용한 것을 꼽아보면 다음과 같다.

❶ 장난감, 책 등의 물건을 치워서 여유 공간을 늘릴 것

❷ 스케줄을 줄여서 여유 시간을 가질 것

❸ 버튼을 누르면 소리가 나고 불이 들어오는 장난감은 없앨 것

❹ 장난감은 실생활에서 쓰는 물건이나 단순한 것을 활용할 것

❺ 소비적, 과시성 독서보다 한두 권 느리게 반복해서 읽게 할 것

❻ 비싸고 유명한 곳으로 여행하기보다 가족끼리 오붓하게 식사하거나 산책을 하는 등 좋아하는 일상을 반복할 것

한 육아 카페에 〈우아하고 가난하게 육아하기〉라는 글을 시리즈로 올린 민지 씨는 소비로 자신을 증명하라고 부추기는 요즘 세태가 너무 신물이 나서 육아에 필요한 물건들을 자기 식으로 만들거나 대체해 쓰기 시작했는데, 이제는 그 재미에 푹 빠져 산다.

유모차 안전바 커버는 천으로 똘똘 감아서 고무줄로 고정시켜서 쓰고, 아이 백일잔치 때는 달력을 재활용해서 '100일 축하해요' 문구를 적어 벽을 장식했다. 출산 전 부부가 쓰던 매트를 사등분해서 동네 수선집에 맡겨 만 원에 아기 이불을 만드는가 하면, 아이의 작아진 티셔츠를 팔 자르고 끈 달아 턱받이를 만들기도 했다. 선풍기 안전망을 살까 하다가 선풍기 머리의 높이를 조절하니 아이 손이 닿지 않아 사지 않았다.

그렇게 민지 씨는 소비를 줄이고, 작고 소박하게 아이를 키우겠다는

가치를 실천하고, 그 실천을 카페 엄마들과 나눴다. 이 과정에서 그녀가 얻은 것은 자신감이었다.

그런데 민지 씨와 생각이 같은 사람들이 점점 많아지고 있다. 소비를 넘치게 하다 보니 다시 절제를 추구하는 풍조가 생긴 걸까? 아니면 오랜 경기불황 탓일까? 주변을 보면 미니멀 라이프가 선풍적인 인기다. 그 열풍을 일으킨 책 《나는 단순하게 살기로 했다》의 저자 사사키 후미오는 소유에 따라 자신의 가치가 결정되고 행복으로 이어진다는 현대인들의 왜곡된 믿음을 지적하며 "물건에 대한 집착이 불행의 악순환을 가져온다"고 주장한다. 그는 '미니멀리스트'를 '나에게 정말 필요한 것이 무엇인지 아는 사람, 소중한 것을 위해 줄이는 사람'으로 정의하면서 "최소의 삶을 살게 되면서 열두 가지 기적을 경험했다"고 말한다. ❶시간의 여유 ❷생활의 즐거움 ❸자유와 해방감 ❹남과의 비교에서 탈출 ❺남의 시선으로부터의 자유 ❻행동력 ❼집중력 ❽절약과 환경보호 ❾건강과 안전 ❿달라진 인간관계 ⓫지금 이 순간을 즐기기 ⓬감사하는 삶….

《멋진룸, 심플한 살림법》은 사사키 후미오가 말한 '최소의 삶'의 한국 버전이자 실천 버전이며 주부 버전이다. 이 책의 저자인 정세롬 씨는 아동학 전공자로서 지역아동센터장으로 근무하다가 아이의 안정적 애착 형성을 위해 과감히 일을 접고 전업주부의 길을 선택했다. 결혼 전까지 자칭타칭 쇼핑중독녀였던 그녀는 외벌이 박봉으로 살아내기 위해 비우기를 실천하기로 마음먹고 살림살이 줄이기에서 시작해 식비와 생활비, 육아비와 교육비를 줄여갔다. 그녀가 경험한 비우기의 이득은 세 가지다. ❶ 청소와 장보기 등 가사노동 시간이 줄어 자기만의 시간을 가질 수 있고 ❷ 지출이 줄어 월급 안에서 저축하며 생활할 수 있고 ❸ 돈돈거리지 않으니 부부도 아이도 편안해진다는 것이다.

'좋은 부모'의 핵심을 아는 것이 작은 육아의 시작

그녀가 말한 비우기의 이득은 작은 육아를 실천한 나도 고스란히 경험했다. 우선, 소비 습관이 건강해졌다. 외벌이로 전환하면서 수입이 거의 반토막이 났지만 그래도 대출이나 마이너스통장 없이 늘어난 식구를 감당했고, 매달 꾸준히 저축을 했다. 재무설계사의 영업에 현혹되어 가입했던 허술한 보험 상품들도 모두 예금으로 돌리면서 가정경제의 내실을 다졌다. 지출예산 범위 내에서 소비하고, 소비를 계획하고 불필요한 소비에 대해서는 반성하는 습관을 들였다. 그 과정에서 진정 우리 가족이 원하는 것을 분별하는 힘이 생겼고, 소중한 것에 가치 있게 소비하는 습관이 생겼다.

아낀 건 돈만이 아니었다. 시간도 덤으로 아낄 수 있었다. 하나의 물건을 사기 위해 우리는 얼마나 많은 시간을 쓰는가? 인터넷 검색에 드는 시간, 수십 개 수백 개의 제품 후기를 읽고 궁리하는 시간, 주변에 물어보는 시간, 더 싼 가격과 더 좋은 카드 혜택을 찾아 비교해보는 시간 등 조금만 시간이 흘러도 필요성이 사라질 물건들을 위해 낭비되는 그 시간들을 아끼니 내 시간이 됐다. 지금도 나는 쇼핑에 쓰는 시간이 일주일에 한 시간도 안 된다. 그렇게 번 시간으로 나는 잠을 잤고, 책을 읽었고, 아이와 눈을 맞췄다.

처음부터 이럴 작정은 아니었다. 거창한 철학을 가지고 미니멀 라이프를 지향한 것도 아니다. 지방에서 올라온 두 젊은이가 그간 모은 돈으로 살림을 시작하다 보니 소박할 수밖에 없었다. 출산과 함께 더 이상 일을 할 수 없게 되어 수입이 줄어들면서부터는 더 확실하게 소박함을 지향했다. 그러면서 새롭게 자리잡은 소비의 기준은 '우리 엄마 땐 이게 필요했을까?'이다. 대부분 답은 '아니다'였다. 세탁기도 냉장고도 없이 손빨래로 천기저귀를 빨아 우리를 키우신 친정엄마 세대에 비추면 그 어떤 소비도 사치에 가까웠다. 그럼에도 시대가 달라졌으니 이 물건은 꼭 필요하다 싶을 때가 있다. 그럴 땐 일주일 정도 진짜 필요한지를 살폈다. 그러다 보면 대부분은 더 이상 필요 없어지거나, 가지고 있던 물건으로 대신하거나, 이웃에게 잠깐 빌려 쓰는 것으로 해결할 수 있었다.

작은 육아는 소비를 줄이는 것만 말하지 않는다. 육아와 살림에서 본질적인 가치를 추구하는 것 외에는 하지 않는 것까지 포함한다. 요즘 부모들은 아이를 위해 더 해주고 싶고, 더 해줘야 할 것 같은 강박에 사로

잡혀 있는 것 같다. 책 육아, 문화센터, 하루 세끼 3찬, 돌잔치와 성장앨범, 해외여행, 숲 유치원, 조기 영어교육, 엄마표 놀이, 천기저귀와 유기농 식품 등 지금도 충분히 넘치는데 말이다. 그 욕망과 강박을 내려놓고 '좋은 부모의 핵심'을 정한 후 '이 정도면 충분해'라는 경계를 아는 것이 바로 작은 육아다.

그러면 무엇이 '좋은 부모의 핵심'일까? 저마다 자신만의 답을 찾아야겠지만 정신분석가이자 《대한민국 부모》의 저자 이승욱은 육아의 핵심을 세 가지로 제시한다. 따뜻한 응시, 안정적인 수유, 엄마의 품이 그것이다. 엄마가 애정을 담아 다정하고 따뜻하게 아이를 바라보고, 일관된 방식으로 수유를 하고, 자주 안아주고 쓰다듬는 등 스킨십을 많이 하면 아이의 마음에는 세상에 대한 신뢰감이 안정적으로 형성된다. 이십 년 동안 그가 만나온 수많은 내담자들이 사회적 성취에도 불구하고 결핍되었던 것이 이 세 가지라고 한다. 일하는 엄마도, 부유하지 않은 엄마도 할 수 있을 만큼 간단한 것이지만 다른 곳에 눈을 돌리면 놓치기 쉬운 것들이다.

나의 육아에서 가장 중요한 것은 '정서적 연결'이다. 나는 아이가 마음이 어려울 때 기댈 수 있는 든든한 품이고 싶었다. 그래서 평소에도 아이의 감정을 평가하거나 차단하지 않고 경청하면서 그 이면의 욕구를 존중하고, 필요할 때는 감정을 나누려고 노력한다. 아이가 "엄마 미워!"라고 소리 지르는 등 거친 감정을 내보이면 "엄마한테 할 소리야!"라고 야단치기보다는 "뭐 속상한 거 있었어?"라며 아이의 속감정에 귀를 기울인다. 그리고 언제나 아이의 감정을 면밀히 살핀다. 그러면 아이가 언제 행복을 느끼는지 알 수 있다.

내가 발견한 아이의 행복거리는 어려운 일이 아니었다. 눈맞춤, 이불에서 뒹굴기, 집 근처 골목길 산책하기, 가까운 산으로 소풍 가기, 간지럽히며 놀기, 길가에서 마주친 꽃들의 이름 알아내기, 개미 행렬 관찰하기, 집 앞의 놀이터에서 시간 보내기, 함께 장보기 등 지극히 소박한 일상이었다.

남들이 말하는 '좋은 엄마'가 되고 싶어 주변을 두리번거리며 남을 좇다 보면 숨 가쁘고 혼란스럽다. 아이와 눈을 마주치며 미소 지을 시간을 잃는다. 그러나 자기 안에서 방향을 찾으면 무엇을 취하고 무엇을 버릴지 선택이 쉬워진다. 그러니 아이와 함께하는 순간만큼은 포장과 거품을 걷어내자. 다 챙길 수도, 다 잘할 수도 없다. 아이가 어느 때 가장 행복해하는지를 아는 것, 그것이 작은 육아의 시작이다.

엄마는 미니멀리스트

최근에 사고 싶다고 생각한 물건들이 있다면 적어보세요.

[사고 싶은 물건들]

위에 적은 물건들을 '필요도'에 따라 순위를 매겨보세요.

필요도	사고 싶은 물건들
1순위	
2순위	
3순위	
4순위	
5순위	
6순위	

이 중에서 꼭 필요한 물건은 무엇인지 적어보세요. 이유도 함께 적어보세요.

꼭 필요한 물건	이유

이 중에서 꼭 필요하지 않은 물건은 무엇이며, 왜 그런가요?

꼭 필요하지 않은 물건	이유

꼭 필요하지 않은 물건을 한 개라도 찾아냈다면 성공이에요.
물건을 살까 말까, 산다면 어떻게 싸게 살까를 고민하는 시간을 줄여주고 물건을 사는 비용도
아낄 수 있으니 일석이조!

142

'남의 편'을
'내 편'으로

결혼의 현실

영화 〈위크엔드 인 파리〉는 노부부의 결혼 기념 파리 여행에 대한 얘기다.

신혼여행으로 갔던 파리를 30년 만에 다시 찾은 그들은 지금 그리 다정하지 않다. 여행 중에도 욕실 인테리어, 아들 문제 등 일상적인 문제들로 티격태격한다. 오해는 깊고, 대화는 겉돌고, 감정은 어긋나 있다. 아들만 신경 쓰는 아내를 야속해하는 남편과, 자신은 아들을 올바로 길러보려고 기를 쓰는 데 남편이 돕지 않는다며 원망하는 아내, 이게 현재 둘의 모습이다. 그리고 어쩌면 우리의 현재일 수도, 미래의 모습일 수도 있다.

누구나 행복해지려고 결혼하지만 결혼생활이 행복하지만은 않다. '결혼은 현실이다'라는 말은 어떤 면에서는 진실이다. 삼십 년 결혼생활을 유지한다고 할 때 3만 2760회의 밥상 차리기와 2만 1840회의 설거지, 6240회의 청소, 4680회의 빨래를 해야 한다. 아이가 둘이라면 기저귀를 2만 440회 갈아야 한다. 그뿐인가. 아이들 교육비로 1인당 월 평균 79만 원을 지출하고, 대학까지 보내려면 6억 원 정도의 자금이 필요하고, 아이당 7000만 원가량의 결혼 지원금이 필요하고(〈2017년 보통사람 금융생활 보고서〉, 신한은행), 가구당 평균 5000만 원가량의 부채를 짊어진다. 이것이 보통의 부부가 맞닥뜨리는 '결혼의 현실'이다.

부부의 결혼 만족도는 U자 곡선을 그리는데, 보통 첫 아이가 생기면서 하락하기 시작해서 아이가 25세가 되는 시점까지 떨어지다가, 아이가 독립하고 나면 상승 흐름을 탄다. 결혼하고 첫 아이가 태어나기 전까지 부부는 서로의 다른 점, 습관 차이를 발견하며 때로는 다툼으로 때로는 대화로 서로에 대한 이해와 관용을 쌓아간다. 혼자에서 함께 사는 삶으로 적응해갈 무렵 아이가 생기고, 그때부터 결혼주기에서 가장 어려운 시기가 시작된다. 난생 처음 해보는 육아로 인한 스트레스, 수면과 식사의 질적 하락으로 인한 체력 저하, 외벌이로의 전환과 육아 비용 증가로 인한 경제적 압박, 분주한 일상으로 인한 대화 단절, 불평등한 가사 분담, 부부간 육아관의 차이에서 오는 갈등이 풀릴 새 없이 누적되면서 서로 등을 돌리는 부부가 많다.

우리 부부도 그랬다. 직업상 대화법을 가르치고 코칭을 하고, 서로 대화가 잘 통한다고 자부하던 사이였기에 출산 후 맞닥뜨린 갈등은 예상한 적도 없고 준비도 되어 있지 않았다. 나는 남편이 육아와 살림을 충분히 분담하지 않는 것이 원망스러웠고, 맡은 일마다 서툰 그의 행동이 답답했다. 충분히 쉬게 해주는 나의 배려에도 "피곤하다", "쉬고 싶다"를 수시로 내뱉는 그가 얼마나 미웠는지 모른다. 특히 그의 한숨 소리는 내 어깨를 짓눌렀다. 부모가 되면서 겪는 부담감을 이해해줄 사람, 내 수고와 노력을 알아주고 고마워해줄 사람이 필요했지만 남편은 그 기대를 채워주지 못했다.

남편은 남편대로 힘들어했다. 회사일은 점점 늘었고, 직급이 올라가니 성과에 대한 부담도 커졌다. 가장으로서 느끼는 밥벌이에 대한 책임감도 늘어나고, 아이와 놀아주고 싶어도 회사일 때문에 회사에 머무르는 시간이 자연스레 길어졌다. 남편은 아이가 태어난 뒤로 두 번이나 회사를 옮겼고, 새 직장에 적응하느라 한동안 또 애를 썼다. "몇 시에 퇴근해?"라는 말을 "일찍 들어와"로 해석했고, 그 말을 들을 때마다 압박감을 느낀다고 했다. 육아도 나름대로 해보지만 힘이 들고, 과한 업무로 인한 스트레스와 충분치 못한 휴식으로 피로는 쌓이고, 아내에게 충분한 도움이 되지 못한다는 무력감이 그를 괴롭혔다. 그렇게 그의 한숨은 늘어갔다.

남편은 적이 아니고 나는 피해자가 아니다

그러던 어느 날, 격전의 순간이 찾아왔다. 남편의 행동 중에서 번번이 나의 뇌관을 건드린 것은 그가 스마트폰에 푹 빠져 있는 모습이었다. 아이가 따라할까봐 걱정됐고, 아이와 함께 있는 얼마 안 되는 그 시간마저 스마트폰에 빠져 있는 모습이 싫었다. 그 날 아침에도 그는 눈을 뜨자마자 스마트폰을 들여다보았다. 이미 여러 번 부탁을 했고, 전날 밤 회식으로 늦게 들어와 이틀 만에 얼굴을 보는 상황인데도 그랬다. 불러도 대답이 없었다. 스마트폰을 들여다보는 그는 우리와 다른 공간에 있는 것 같았다. 그에겐 일과 친구가 더 중요한 것처럼 느껴졌다. 속이 부글부글 끓었다. 결국 감정이 가득 실린 말이 내 입 밖으로 튀어나갔다.

"스마트폰 좀 그만 봐!"

그는 지지 않고 되받아쳤다.

"내가 노는 줄 알아? 회사일 하는 거야. 빨리 결재해야 한다고!"

당당한 그의 반응에 나는 더 울화가 치밀었다. '일은 자기 혼자 해? 가족을 위해 그 정도 시간도 못 내는 일이라면 그냥 때려치워!'라는 말이 목구멍까지 올라왔다. '핸드폰 안 보는 거, 그깟 부탁 하나 못 들어줘? 나도 밖에 나가서 돈 벌어 올 수 있어! 나도 배울 만큼 배웠고, 당신만큼 능력 있어. 당신이 집안일의 고단함을 알아? 내가 얼마나 외롭고 힘든지 알기나 하냐고!' 내 안에선 차마 내뱉지 못할 거친 말들이 끓어올랐다.

'왜 이렇게 살아야 하나. 나는 독박육아, 남편은 장시간 근로… 이렇게 대화도 이해도 부족한 채로 살 수밖에 없는 것인가?'

그간 제대로 표현하지 못했던 남편에 대한 원망과 서운함이 한꺼번에 몰려왔다. 아이를 키우면서 잃은 것에 대한 억울함이 사무쳤다. 나는 급기야 꺼이꺼이 울었다. 울먹거리는 내 입에서 튀어나온 말은 그에 대한 공격이 아니라 나의 진심이었다.

"나에겐 우리 세 가족이 함께 얼굴 맞대고 지내는 게 중요하단 말야. 아침에 한두 시간, 밤에 한두 시간 겨우 볼까 말까 하는데, 그 시간마저도 핸드폰을 보고 있으면 우린 언제 대화 나눠? 우리에겐 당신이 필요해. 집에 있을 때만이라도 온전히 우리랑 있어주면 안 돼?"

나의 절규에 그도 화가 한풀 꺾인 듯 진심을 털어놓았다.

"나도 많이 힘들어. 회사에서도 집에서도 할 일 투성이니까 어디서도 맘 편히 쉬지 못하고 많이 지친 것 같아. 자기 힘든 것도 알지만, 나도 힘들어서 도와주기 어려웠어. 미안해."

비폭력대화에서는 비난을 '욕구의 비극적 표현'으로 정의한다. 남편을 비난하기만 했다면 그는 내 진심에 귀를 기울이지 않았을 것이다. 무엇이 힘들고 무엇을 원하는지 진솔하게 얘기했더니 그는 방어적인 자세를 내려놓고 귀를 열고 마음도 열었다. '왜 내 어려움을 몰라주나?', '왜 알아서 못 챙겨주나?', '왜 저렇게 힘들어하나?'라고 핏대를 세울 때는 보지 못했던 진심이 드러났다. 그도 나처럼 지치고 힘들다는 것, 그럼에도 자기에게 주어진 '아빠'라는 새로운 역할을 해내기 위해 나름대로 최선을 다하고 있다는 마음을 얘기했다. 그 얘기를 듣고 나서 '아빠니까, 남편이니까 이 정도 하는 건 당연하지'라는 내 머릿속 이상을 버리고 있는 그대로 관찰해보니 그도 나처럼 고군분투하고 있었다. 번아웃된 그에게 내 고충을 받아줄 여유가 없는 게 당연했다.

생각해보면 남편은 적이 아니고, 나는 피해자가 아니었다. 둘 다 바쁘고 경쟁적인 이 사회에서 살아남기 위해 하루하루 최선을 다하는 주인공들이었다. 부부는 함께 인생을 꾸려나가기로 약속한 관계이니, 그 선택에 책임지는 것이 성숙한 자세이리라. 설령 적당한 계산이나 나이, 주변의 권유에 밀려 뜨거운 사랑 없이 결혼했더라도 마찬가지다. 제 발로 결혼식장에 들어간 이상 자신의 선택이며, 결혼 후 부부간에 발생하는 갈등과 고통은 공동 책임이다.

손뼉은 마주 쳐야 소리가 난다. 그가 잘못했고 나는 피해자라고 백날 우겨봐야 제 얼굴에 침 뱉기라는 생각이 들었다. 누가 잘했고 못 했는지를 따져서 옳음을 증명해봤자 그는 자존심에 상처입고 나는 더 외로워지는 결과만 돌아온다는 사실을 절실히 느꼈다. 상대가 아무리 잘못된 행동을 하고 나의 기대에 어긋나더라도 그에 대한 반응은 나의 선택이다.

미셸 오바마의 말 "When they go low, we go high(그들은 저급하

게 가도 우리는 품위를 지키자)"는 부부 사이에도 고스란히 적용된다. 남편과의 진심 어린 대화 끝에 남편이 아무리 내 기대에 차지 않아도 실망하지 않고 계속 노력해야겠다고 다짐했다. 나 자신의 행복을 위해서 말이다.

행복하고 건강한 부부 되기

'어리석은 사람은 현실을 받아들이지도 바꾸지도 못하고, 평범한 사람은 불만 가득한 현실을 체념하고 받아들이고, 지혜로운 사람은 불만족스러운 상황을 만족스러운 상황으로 바꾼다'는 말이 있다. 바꿀 수 있는 것과 바꿀 수 없는 것을 구분하고, 바꿀 수 있는 것에 에너지를 집중하는 지혜가 필요하다. 부부 사이에 적용해보자면, 상대방을 바꾸는 것은 불가능하다. 세모인 남편을 네모 틀에 끼워 넣으려고 하면 끼우는 사람도 깎이는 사람도 힘들어서 비명을 지른다. 비명은 서로를 아프게 찌른다. 알고 보면 남편들도 변화를 원한다. 변화의 강요를 거부할 뿐이다. 인간은 누구나 자율적인 존재이기에 그렇다. 부부 사이의 변화를 원한다면 그의 변화를 요구하기 전에 내가 먼저 변해야 한다.

국내에 감정코칭을 들여온 HD행복연구소 최성애 박사는 《부부 사이에도 리모델링이 필요하다》에서 차라리 이혼하는 것이 더 나은 네 가지 경우를 언급한다. 그 어떤 노력에도 변화가 없을 때, 상습적 폭행이나 파괴적인 언어 폭력 등 심각한 인격장애가 있을 때, 이혼이 결혼생활을 지속하는 것보다 자녀에게 피해를 덜 줄 때, 이혼이 법적 효력을 발휘하는 순간에 담담할 때(화, 슬픔, 통쾌함 등 감정의 소용돌이가 느껴지지 않는 상황)가 그렇다. 이 네 가지 상황이 아니라면, 갈등이 벌어졌을 때 그저 참거나 고통만 호소하지 말고 해결 방법을 찾으려 노력해야 한다.

나는 갈등이 불거진 시점부터 좀 더 적극적으로 방법을 찾았다. 우선 그가 집에 대한 부담감을 덜고 편히 쉴 수 있도록 배려했다. 주말에 한나절이라도 아이와 둘이 나갔고, 친한 엄마들과 아이 동반으로 1박 2일 여행을 떠났다. 토요일 밤이면 온 가족이 볼 수 있는 영화 한 편을 골라 느긋하게 즐겼고, 평일에 간혹 남편이 일찍 들어오는 날이면 집안일은 잠시 미뤄두고 이런저런 얘기를 나눴다.

동시에 나는 남편에게 아이를 전적으로 맡기는 기회를 늘렸다. 남편이 미덥지 않아서 도맡아 했더니 그는 그대로 아내의 어려움을 이해하고 부성을 키워나갈 기회가 없었다. 그에게도 실수하고 배워나갈 시간이 필요했다. 그래서 처음엔 한 시간, 다음엔 세 시간 식으로 육아와 살림을 책임지는 기회를 늘려갔다. 그랬더니 아이가 네 살 무렵에는 2박 3일간 아이와 함께 시댁에 가서 지내고 오기도 했다. 식사 준비의 의무로부터 해방된 그 삼 일은 나를 한껏 충전시켜주었다.

행복하고 건강한 부부 사이는 그 자체로 아이에게 줄 수 있는 최고의 선물이다. 사회의 기초단위는 가정이고, 가정의 주춧돌은 부부다. 부부가 바로 서지 않으면 가정이 흔들리고, 가정이 흔들리면 각종 사회문제가 일어난다. 그러니 결혼을 할 땐 반품도 AS도 안 되는 초고가 명품을 고른다는 심정으로 배우자 선택에 신중을 기해야 할 것이며, 이미 선택한 배우자가 마음에 차지 않더라도 공들여 수선해가며 살아갈 일이다.

가까운 사이에서의 갈등은 필연이다. 그의 행동이 나의 안위에 즉각 영향을 미치고, 나의 선택이 그의 욕구를 침범하기 때문이다. 그런 남편과 갈등을 넘어 조화를 이룰 수 있다면 이해하지 못할 사람이 없고 해결하지 못할 갈등이 없다. 여러모로 남편은 인간관계 훈련에 가장 좋은 파트너다.

부부 사이를 풍요롭게 하는 행동들

최근에 남편과의 관계가 삐걱댄 적이 있나요? 관계는 꾸준히 기름칠하지 않으면 녹슬기 마련입니다. 부모 역할에 치중하다 보면 어느새 부부 사이가 멀어지지요. 그러니 평상시에 감정을 나누고 친밀감을 쌓아두어야 해요.

아래 목록은 최성애 박사의 《부부 사이에도 리모델링이 필요하다》를 참고해 만든 부부 사이를 풍요롭게 하는 행동들입니다.

- 둘 다 좋아하는 영화나 드라마를 함께 본다.
- 남편이 좋아하는 자극적인 음식을 가끔 만들어준다.
- 퇴근해서 들어올 때 반가운 얼굴로 맞아준다.
- 하루 일정을 마치고 그 날 있었던 소소한 일들을 틈틈이 나눈다.
- 부탁할 때는 구체적으로 한다. "오늘 저녁 설거지 당신이 해줄래?"
- 서로의 어깨를 주물러주며 스킨십을 한다.
- "고마워", "수고했어"라고 말해준다.
- 남편이 힘든 점을 털어놓을 때 비판 없이, 방어하지 않고 들어준다.
- 주말에 아이를 데리고 외출하면서 집에서 쉬라고 배려해준다.
- 가끔 둘만의 데이트를 한다.
- 남편을 비난하지 않고 육아로 힘든 점을 진솔하게 이야기한다.

매일 한 가지씩 실천해보면 조금씩 달라지는 우리 부부의 모습을 발견할 수 있을 거예요. 당장 한 가지를 골라 일단 실천해보세요.

우리 부부를 위해 오늘 실천할 것

함께 하는
품앗이 육아

그리운 옛 골목, 품앗이 육아

아이가 세 돌이 조금 넘었을 무렵이다. 볼 일이 있어서 아이와 멀리 외출해 돌아오는 길이었다. 바람은 찼고 해는 지고 있었다. 점심을 대충 먹은 아이에게 빨리 저녁을 해 먹여야 한다는 생각에 마음이 급한데, 그런 내 마음을 알 리 없는 아이는 세월아 네월아 걸음이 느렸다. 지칠 대로 지쳤는데 집에 가서 밥 짓고 반찬 만들어 먹일 생각을 하니 까마득했다. 편하게 밖에서 먹여도 될 것을, 그땐 두 끼 연달아 바깥 밥을 먹이는 게 용납이 안 됐다.

그런 와중에 맡겨둔 짐 찾으러 잠깐 들른 이웃집에서 밥 먹고 가라며 손을 잡아끌었다. 못 이긴 척 들어가 따뜻한 닭죽 한 그릇을 먹고 나니 지친 몸과 마음이 눈 녹듯 녹아내렸다. 이웃 엄마는 차린 것 없다고 겸손을 떨었지만, 나에게 그 죽 한 그릇은 '이웃의 정'을 느끼기에 충분했고 감동적이기까지 했다.

불과 삼십 년 전만 해도 이웃 간의 정이 뜨거웠다. 쌍팔년도 쌍문동 골목의 정취를 그린 드라마 《응답하라 1988》에 나오는 오총사는 서로 모르는 게 없고 못 하는 말이 없다. 그들을 보면 어릴 적 추억이 생생해진다. 눈 뜨면 뛰쳐나가 저녁밥 먹으라는 엄마의 고함을 들을 때까지 주구장창 놀고 싸우고 다시 놀던 골목. 그런 골목에서 아이들은 시간에 쫓기지도 않았고, 어른들이 정해준 놀이 규칙에 얽매이지도 않은 채 말 그대로 '맘껏' 놀았다. 그 시절 그 골목엔 경쟁과 배제와 비교가 아니라 나눔과 이해와 배려가 있었다.

그 사이 엄마들은 콩나물을 무치고 손빨래를 했다. 골목은 이웃의 소식을 전해주었고 반찬들을 날라주었고 어려운 속사정이 있는 집엔 도움을 배달했다. 그래서 드라마 속 엄마 없는 택이의 식탁은 언제나 풍성할 수 있었고, 진주 엄마가 진주를 맡기고서 목욕탕 야간 아르바이트를 갈 수 있었다.

지역과 시대를 막론하고 육아는 공동체의 몫이었다. '스스로 서서 서로를 살리는 교육'을 구현하기 위해 이십여 년간 교육운동을 해온 교육잡지 〈민들레〉의 현병호 발행인은 독박육아의 대안을 찾기 위해 몸부림

쳐온 부모들의 몸짓을 담은 책 《마을 육아》 서문에서 이렇게 말한다.

"엄마 혼자 육아의 짐을 도맡는 것은 인류사적으로도 매우 별난 경우다. 핵가족화와 도시화에 더해 아파트라는 주거 환경이 대세가 되면서 빚어진 특수 상황이라 할 수 있다. 거기에다 부실한 보육 정책, 긴 노동 시간과 불안정한 고용 환경 등 다양한 사회적 원인들이 얽히고설켜 육아를 끔찍한 일로 만들고 있다."

《마을 육아》에는 목마름에 직접 우물을 판 엄마들의 얘기로 가득하다. 주 3회씩 아이들과 엄마들이 숲에서 어울려 노는 숲놀이팀 숲동이 얘기, 육아 카페에서의 인연으로 온오프를 넘나들며 함께 공부하고 놀고 여행 가는 청양띠 아기엄마들의 모임, 마을의 공용 공간을 구해 아이들과 어른들이 어울려 요리를 지어 먹는 공동부엌육아모임, 작은 도서관을 사랑방 삼아 함께 책 읽고 밥 먹으며 어울리다 마을 극단까지 만든 얘기 등 절실함에서 시작한 작은 발걸음이 갈등과 고민을 거쳐 모임으로 공동체로 발전한 사례들이다. 크기와 방식에 차이가 있지만 결국은 외로움과 고단함을 이겨내려고 서로의 품에 의지한 이들의 얘기이다.

품앗이란 힘든 일을 서로 거들어주면서 품을 지고 갚는 일을 뜻한다. 일을 하는 '품'과 교환한다는 뜻의 '앗이'가 결합된 말이다. 한 가족의 부족한 노동력을 해결하기 위해 다른 가족들의 노동력을 빌려 쓰고 나중에 다시 노동으로 갚아주는 형태의 품앗이는 가래질, 모내기, 물대기, 김매기,

추수, 관혼상제와 같이 일손이 크게 필요할 때 벌어졌다.

그런 품앗이의 전통이 90년대 육아에서 되살아났다. 홀로 아이를 돌보기 어려운 부모들이 함께 모여 '품앗이 육아'라는 이름으로 놀이, 밥, 교육을 함께 한 것이다. 이는 2000년대에 뜻 맞는 부모들이 모여 공간을 마련하고 교사를 고용해 아이들의 보육 서비스를 운영하는 '공동육아 어린이집'으로 발전했다. 공동체의 필요성을 절감한 정부에서도 지역 건강가정지원센터에 공동육아 나눔터를 열어서 부모들이 시간을 정해 번갈아가며 나눔터 내 아이들을 돌보는 육아 품앗이를 운영하고 있다. 서울시의 경우 수년 전부터 마을공동체 지원 사업을 통해 부모 커뮤니티 및 공동육아 커뮤니티를 선정해 지원금과 교육을 제공하고 있다.

이렇게 제도화되고 체계적인 품앗이만 있는 것은 아니다. 노동의 교환이라는 협소한 정의를 벗어나 '품을 나눈다'는 의미에서 보면 닭죽을 나눠준 이웃집 엄마, 반찬을 나눠먹은 쌍문동의 엄마들 모두 품앗이를 한 것이다. 그뿐인가? 서로의 심정을 이해하고 힘들 때 도와주는 우리의 오랜 정서인 '정'을 나누는 것도 품앗이다. 이웃 간에 정을 나누고 품을 나누는 것은 지금처럼 단절되고 차가워진 대한민국 도시 육아에서 가장 필요한 것이 아닐까 한다. 엄마 혼자만의 노력으로는 결코 아이의 모든 것을 다 책임질 순 없다. 우리에겐 갑작스런 상황에 의지할 이웃, 바쁠 때 품을 나눌 이웃이 필요하다.

내게 맞는 품앗이 육아법 찾기

나의 첫 번째 이웃은 아이가 생후 8개월쯤 됐을 때 사귄 이웃집 육아 도우미 이모님이었다. 복도에서 몇 번 마주치며 눈인사를 하다가 집을 드나드는 사이로 발전했다. 둘 다 종일 각자의 집에서 아이와 지내다 이삼 일에 한 번씩 한두 시간이라도 왕래를 하니 숨통이 트였다. 특별할 것 없는 소소한 일상을 나눌 상대가 생겨서 좋았고, 서로의 육아법에서 배우고 자극받을 수 있어 좋았다. 아이도 나 외에 상호작용할 사람이 생겨 훨씬 활기찼다(물론 갈등도 있었지만). 친정에서 택배가 오면 음식을 나눠 드렸고, 그 집에선 고맙다며 아이가 입을 만한 옷이나 신발 등을 건넸다. 어느 여름날 욕실 문이 잠겨서 아이와 둘이 갇혀 쩔쩔맬 때 우리를 구해준 분도 그 이모님이었다.

그 뒤로 여러 차례 이사를 다니며 이웃은 계속해서 바뀌었지만 지금도 나는 이웃을 사귀기 위해 정성을 기울인다. 골목이나 놀이터에서 마주치면 인사를 하고, 낯선 아이가 울고 있으면 다가가 마음을 읽어주고, 부족한 솜씨지만 음식을 넉넉히 만들어 옆집 윗집 나눠 먹는다. 아이도 어른도 마음이 잘 통한다 싶으면 집으로 초대해 같이 음식을 만들어 먹는다. 밥을 나누는 것만큼 빠르고 강한 결속 수단도 없다.

손을 내민 것은 대체로 나였지만, 혜택은 내가 가장 많이 받았다. 남편 없는 일요일에 몸이 아파 쓰러지기 직전에 아이를 데려가 안전하고 따뜻하게 돌봐준 것도 이웃이었고, 아이가 열이 나는데 체온계가 안 보여 발을 동동 구를 때 체온계를 빌려준 것도 이웃이었다. 가족여행을 갔을 때 택배를 받아주고 물고기를 대신 돌봐준 것도 이웃이었고, 지방 강의 때문에 늦으면 나 대신 아이를 하원시켜 보살펴준 것도 이웃이었다. 감자가 가면 부침개로 돌아왔고, 롤케이크가 가면 아이 신발로 돌아왔다. 때론 아이가 몇 시간씩 놀다 오기도 했다. 아이가 이웃집에 놀러간 사이에 밀린 집안일을 할 때면 이웃에 대한 고마움이 새록새록 올라왔다. 늘 준 것보다 많이 받았다.

아이 입장에선 눈높이가 맞는 친구와 놀 수 있는 자유로운 시간이 생긴다. 엄마들이 아무리 놀이법을 배워서 놀아준다고 한들 친구만 하겠는가? 엄마는 '놀'지 않고 '놀아주'려고 애를 쓴다. 그럼에도 친구만큼 재미를 주지 못한다. 힘드니 그만하자는 법 없고, "정리하고 놀아야지!"라며 잔소리하는 법 없고, 위험하다며 제지하는 법 없고, 방귀 뿡뿡만 해도 까르르 넘어가고, 비밀 얘기를 속닥거릴 수 있는 친구가 있으니 얼마나 좋은가? 특히 외동은 이웃 친구들과의 자유놀이를 통해 사회성을 키우고, 이웃과 정을 나누는 엄마의 모습을 통해 갈등을 해결하는 법, 친구에게 양보하는 법, 친구에게 부탁하는 법도 배운다.

휴가나 명절 때 찾아오는 친척과 지인들을 집에 들이고 싶지 않아 단지 내에 게스트하우스를 짓는 아파트들이 늘고 있고, 그룹과외도 집에서

하지 않고 아파트 내 공용 공간을 이용하는 추세라고 한다. 집을 내보이는 것이 얼마나 꺼려지면 그럴까 싶지만, 집을 공개하는 것은 엄마들 사이의 거리를 단번에 좁혀준다. 장난감이 널린 거실, 때가 묻은 세면대, 냉장고 털어 끓인 칼국수 같은 것들이 사람 사이의 얼음을 녹이고 '허물없는 관계'로 이어준다.

그렇다고 해서 누구나 초대하고 무리해서 나눠서는 안 된다. 지치고 상처받기 쉽다. 언제나 마음이 내키는 만큼, 건강과 여건이 허락하는 만큼만 하는 것이 중요하다. 무리하면 기대하게 되고, 기대는 실망을 부른다. 이웃과의 관계가 부담되지 않으려면 '놀고 나면 원래 상태로 해놓기', '요리도 설거지도 함께 하기', '내 아이 편만 들지 않고 공정하게 중재하기' 등의 원칙을 세우는 게 좋다.

주변에서 '품앗이 육아'라는 이름으로 하는 활동들을 보고 있자면 걱정될 때가 있다. 각자의 재능으로 엄마들이 프로그램을 짜서 수업을 하느라 너무 많은 품을 들이고 스트레스를 받는 걸 보면 품앗이라기보다 함께 만드는 '엄마표 수업'에 더 가깝다. 문화센터보다 비용이 덜 들고 더 인간적이어서 좋으나, 엄마들의 품을 오히려 늘리는 데다 정확하게 똑같이 일에 대한 책임을 나누느라 신경이 곤두선 모습도 보인다. 누가 조금 더 하고 조금 덜 하는지를 신경 쓰다 보면 어려움을 분담하고 품과 정을 나눈다는 품앗이의 본래 취지가 의미 없어지고 만다. 투명하지 못한 소통도 걱정이다. 둘 이상이 모이면 갈등은 생기기 마련인데, 갈등이 일어났을 때 능동적으로 소통하고 갈등을 해결하려고 하기보다는 혼자 속으로 끙끙대다 떠나버린다.

나이대도 다르고 살아온 배경도 저마다 다른 엄마들과 이웃이 되고 친구로 발전하는 과정이 그리 쉽지만은 않다. 그러나 차이점보다 공통점에 주목하면 가능하다. 그들은 나처럼 지치고 힘든 엄마, 나처럼 누군가의 도움과 격려가 필요한 엄마, 나처럼 육아와 삶을 배워가는 엄마, 나처럼 좌충우돌 혼란을 겪고 있는 엄마다. 그런 개방적이고 수용적인 태도로 주변을 둘러보면 그 누구와도 이웃이 될 수 있다. 쉽게 부탁하고 쉽게 나눌 수 있다. 그래서 품을 덜고 정으로 연결될 수 있다. 삭막한 도시 생활에 이 같은 단비가 어디 있겠는가?

든든한 이웃 만들기

눈인사만 하고 지나가는 이웃, 아이 얘기만 하고 헤어지기 바쁜 어린이집 엄마들과 좀 더 친밀해지기를 원하나요? 이웃들과 더 활발히 교류하고 싶으세요?

누군가와 좋은 관계를 만드는 비법은 어려운 일이 아니에요. 그 사람에게 먼저 호의와 친절을 베풀면 되지요. 작은 친절이라도 손길을 내밀면 관계가 시작됩니다.

이번 주에 하루만이라도 날을 정해놓고 이웃을 위해 친절을 베풀어보세요. 거창한 것일 필요는 없지만 평소에 안 해보던 것으로 세 가지 정도요.

이웃과 친구를 만들기 위해 내가 할 친절 행동

예시 반찬 넉넉히 만들어 윗집 아랫집 나누어주기, 어린이집 친구 하원시켜서 집에 데려다주기, 바쁜 워킹맘 엄마에게 어린이집 일정 알려주기, 아이 친구 데려와서 집에서 먹이고 놀게 하기, 생필품을 대용량으로 사서 조금씩 나눠 쓰기

CHAPTER 4

미래를 그리는
셀프코칭 5단계

지나온 삶을 비추는 인생곡선

이 장에서는 과거와 현재, 미래, 자신과 타인을 넘나들며 자기 안의 아름다움을 찾고 새로운 인생을 디자인하는 셀프코칭을 소개한다. 하루에 한 시간씩 할애해서 2주 정도면 총 5단계를 소화할 수 있다. 당신 안에 잠들어 있던 다이아몬드를 찾아서 갈고 닦아 진정 아름다운 인생으로 거듭나는 여행을 떠나보자.

인생곡선은 내 삶의 발자취

셀프코칭의 첫 단계는 과거를 돌아보며 인생곡선을 그리는 작업이다. 미래를 그리기 전에 과거를 돌아보는 것은, 미래에 대한 중요한 힌트가 과거에 있기 때문이다. 지난날을 성찰해야 현재의 나를 이해할 수 있고, 원하는 미래에 대한 실마리를 찾을 수 있다.

성찰은 '내가 한 일을 깊이 돌아보는 것'으로, 자신의 부족함과 잘못에 초점을 맞추는 반성에 비해 중립적이다. 과거를 돌아볼 때 후회나 자책을 하기 일쑤라면 잘못을 파헤치는 데 머물러서 그렇다. 반드시 다음에 어떻게 할지도 같이 살펴야 한다. 과거를 잊는 자는 실수를 반복한다. 과거에서 배우지 않으면 실수의 반복을 예약해놓은 것과 같다.

기억을 더듬어보자. 지금까지 겪은 일 중에서 나에게 가장 큰 영향을 준 사건은 무엇인가? 유년 시절, 청소년기, 학창 시절을 거치고 사회생활, 결혼생활을 하면서 가족, 친구, 직장 동료, 연인, 그 외의 사람들을 만나 겪은 특별한 일은 무엇인가? 그 일들을 나열한 뒤 각각의 사건들을 정서에 따라 재배치한 것이 인생곡선이다.

한 사람이 인생을 살면서 겪는 일들은 같은 시대에 같은 문화권에서 산 사람들이라면 대체로 비슷하다. 그러나 각각의 사건에는 주관적인 정서가 결부되어 있고 그 정서는 사람마다 다르다. 취직이 어떤 이에게는 도전과 성취의 기쁨이지만, 어떤 이에겐 나다움의 상실이다. 난임이 어떤 이에겐 가족을 형성하지 못할 것이라는 두려움이지만, 다른 이에겐 부부만의 자유와 재미를 추구하는 기회다. 아이 곁에 있는 것을 소중히 여기는 엄마라면 퇴사가 반갑겠지만, 직업적 성취와 사회활동을 중요하게 생각하는 엄마라면 퇴사는 우울증의 원인이 된다.

시간의 흐름에 따라 객관적 사건들을 나열한 뒤에 그 사건들에 대한 만족도를 점수화해 연결하면 아래와 같은 인생곡선이 완성된다. 한 엄마의 인생곡선을 예시로 실었다.

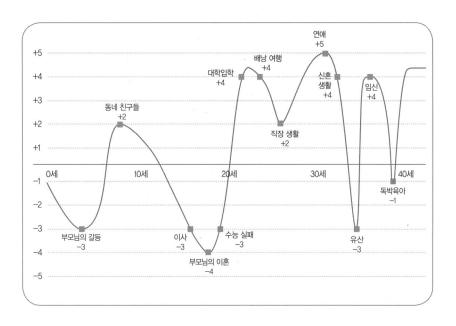

엄마들과 함께 인생곡선을 그리다 보니 한 가지 공통점이 발견되었다. 누구도 예외 없이 인생곡선이 위아래를 넘나든다는 것이다. 행복하기만 한 사람도, 불행하기만 한 사람도 없다. 기쁨과 좌절, 성공과 실패, 행복과 불행 사이를 왔다 갔다 한다. 긍정심리학자 탈 벤 샤하르는 "변함없이 최상의 행복을 유지하는 일은 일어나지 않는다. 고통과 불안을 느끼지 못

하는 사람들은 사이코패스와 죽은 사람들뿐이다"라고 말했다.

샤하르 부부가 첫 아이를 얻었을 때 의사는 이렇게 얘기했다고 한다.

"앞으로 몇 달간 모든 감정이 극단적으로 치닫게 될 것입니다. 행복할 땐 매우 행복할 것이고, 슬픔 또한 마찬가지일 거예요. 그런 경험은 아주 자연스러운 과정이니 받아들이세요."

이 말이 아이를 기르는 데 매우 도움이 되었다고 한다. 인생 또한 그렇다. 행복할 때도 있고 불행할 때도 있다. 우리의 욕구가 채워질 때도, 채워지지 않을 때도 있기 때문이다.

인생곡선을 그린 직후 많은 엄마들이 "막연히 생각했던 것보다 좋은 일들이 훨씬 많았네요", "힘든 일이 많았는데 그동안 잊고 있었네요"라고 얘기했다. 이처럼 자신의 인생을 종이 한 장에 그려놓고 보면 새롭게 다가오는 통찰이 있다. 이것을 '헬리콥터 뷰'라고 한다. 현재의 문제나 과거에 대한 특정 기억에 사로잡히지 않고 전체적이고 객관적으로 삶을 볼 수 있기 때문이다. 우리가 내딛은 한 발 한 발은 그 시절엔 '점'에 불과했지만 돌아보면 '선'이 된다.

MBTI나 에니어그램과 같은 진단도구는 평균 유형을 알려주지만, 인생곡선은 자기만의 고유한 삶의 유형을 알려준다. 누구의 인생이든 모든 인생이 고유하다. 형제라도, 절친이라도, 부부라도 각기 다른 인생의 파도를 그린다. 그것은 사람들이 고유하기 때문에 그렇다. 같은 사건도 사람마다 다르게 느끼고, 다른 의미를 부여하며, 다르게 대응한다. 각각의 사건, 사람에 대해 찍은 점이 지금의 자신을 만들었다. 자부심, 성취감, 패배감, 외로움의 발자취는 몸과 마음에 남고, 신념과 철학의 바탕이 된다.

성찰을 통해 인생곡선의 메시지를 찾자

인생곡선 작업은 그리는 것으로 끝이 아니다. 성찰이 더 중요하다. 지금까지 자신을 찾아온 사건과 사람들의 의미를 찾아보는 것이다. 인생곡선 그리기를 통해 당신의 의식 아래에서 끄집어 올린 사건들을 살펴보자. 당시에는 목표를 달성하고 문제를 해결하느라 앞만 보며 내달렸던, 그래서 놓쳤던 '메시지'를 이제 음미해보자.

누구나 인생에서 최고라 부르는 순간들이 있다. 타인과 비교하면 딱히 내세울 것 없는 사람도 자기 인생 안에서 찾으면 반드시 그런 순간이 있다. 내적으로 충만한 시기였거나, 외적으로 인정받은 경험이었거나, 아니면 둘 다였을 시기 말이다.

인생곡선에서 가로선 상단에 있는 사건들은 행복, 성취, 가치 실현, 몰입, 강점과 관련이 있다. 인생곡선의 가로선 상단에 배치된 일들 중에서 TOP 3를 골라보라. 이 세 가지를 '절정경험'이라 부른다. 이 경험을 통해 우리가 알 수 있는 것은 '나를 행복하게 하는 것', '성취의 비결', '소중한 가치', '몰입하게 하는 환경이나 주제', '이미 가지고 있고 검증된 강점'이다.

자신의 절정경험을 찾아본 한 엄마는 놀라운 발견을 했다고 고백했다. 그녀의 TOP 3는 배낭여행, 집을 나와 자기만의 공간을 마련한 것, 자기 일을 시작한 것이었는데, 여기서 '독립'이라는 공통 키워드를 발견한 것이다. 돌아보니 그녀에게는 무엇보다 독립, 즉 홀로서기가 중요했다. 그래서 여행, 자취 등의 사건이 그녀에게 소중한 순간으로 남았던 것이다. 이 키워드는 현재 그녀가 고통받고 있던 남편과의 갈등에서 혜안을 제시해주었다. 회사일로 바빠 집에 있는 시간이 턱없이 부족하고 별 도움과 지지를 주지 못하는 남편이 밉고 서운해서 '남편이 문제야. 남편이 바뀌어야 해'라고 비난하면서도 의존해왔는데 자기 인생을 돌아보니 그녀는 늘 '독립'을 지향해왔던 것이다.

나의 경우 인생에서 가장 자랑스러운 경험 중 하나는 대학교 2학년 말에 편입시험을 통과한 일이었다. 나에게 주어진 시간은 딱 두 달이었고, 내 인생 최초로 스스로 선택한 도전이었다. 당연히 마음먹기까지 쉽지 않았고 결과에 대한 두려움도 컸다. 그래서 스스로에게 '결과를 의식하지 말고 과정에 최선을 다하자'고 주문을 걸었다. 합격을 목표로 하지 않고, 매일 스스로 정한 일과를 성실히 수행하는 것을 목표로 삼았다. 아침 6시부터 밤 10시까지, 집중이 잘 안 돼도 무조건 도서관 자리를 지켰다. 그렇게 두 달간 성실히 나와의 약속을 지킨 결과 뜻밖에도 어려운 편입시험을 통과했고, 이때의 성취 경험은 나에게 '성실'의 위력을 알려주었다.

반대로 인생곡선의 가로선 하단은 힘들고 어려웠던 시간이다. 시련이 있었던 시기이며, 동시에 시련을 극복한 시기이기도 하다. 인생에서 시련은 뜻하지 않게 우리를 찾아온다. 그 누구도 학대하는 부모와 왕따시키는 친구를 선택하지 않았으며 가난, 교통사고, 질병, 난임, 상식 밖의 상사와 동료를 원한 적이 없다. 그런데도 이들은 우리를 찾아와 괴롭히고 우리의 인생을 터널 속으로 몰고 간다. 도대체 왜일까?

인간의 죽음을 연구한 엘리자베스 퀴블러 로스는 "삶은 가혹하다. 삶은 어렵고 힘든 싸움이다. 삶은 학교에 다니는 것과 같다. 많은 숙제가 주어진다. 숙제를 다 배우고 나면 고통은 사라져 없어진다"라고 했다. 그렇다. 시련은 배울 것이 있을 때 찾아온다. 돈 때문에 괴롭다면 돈에 대해 아직 모른다는 뜻이고, 관계 때문에 고통스럽다면 관계에 대해 배워야 한다는 뜻이다. 배움을 얻으면 문제보다 내가 힘이 세져서 더 이상 그 문제가 나를 괴롭히지 못한다.

인생곡선에서 가로선 하단에 배치된 일들은 불행과 고통, 좌절된 욕구와 가치, 약점, 그림자와 관련이 있다. 그중에서도 가장 아래에 배치된 일들을 '바닥경험'이라 부른다. 다시는 경험하고 싶지 않을 사건, 꿈에라도 볼까 두려운 사람, 후회와 자책으로 점철된 시간, 그래서 돌아보지 않았던 과거다. 이 어두운 과거에 작은 손전등을 비춰보자. 어떤 지식이나 능력이 있었다면 그 시련을 겪지 않을 수 있었을까? 만에 하나라도 그 일들을 통해 성장한 부분이 있다면 무엇일까?

다시 말해 그 일들을 통해 당신이 배워야 했던 교훈은 무엇일까? 그 시련을 버티게 해준 힘은 무엇인가? 그 시련을 통해 더 강해진 것은 무엇인가? 타임머신을 타고 돌아갈 수 있다면 상황을 어떻게 변화시키고 싶은가? 사랑하는 사람이 똑같은 시련의 한가운데를 걷고 있다면 무슨 말을 전해주고 싶은가?

나의 경우 바닥경험 중 하나가 난임이었다. 매달 시술에 실패했다는 얘기를 들을 때마다 낙담했고, 왜 이런 시련이 내게 왔는지, 이 어두운 터널의 끝은 어디일지 괴로워 허우적댔다. 지인들이 위로하기 위해 건네는 "마음 편하게 가져"라는 말이 가장 싫었고, 임신을 못 하는 내가 실패자처럼 느껴졌다. 그러나 이 년간의 난임 치료 끝에 임신했을 때 나는 깨달았다. 난임을 겪었기에 임신을 선물로 느낄 수 있다는 것을. 임신이 안 돼 고통스러웠던 만큼 임신을 순수하게 기뻐할 수 있다는 사실을.

골짜기가 깊으면 산이 높다. 고랑이 낮아야 물이 흘러서 이랑의 씨앗이 잘 자란다. 고(故) 신영복 선생님의 말씀처럼 '나무는 겨울에도 자라고, 겨울에 자란 부분일수록 더 단단하다'. 시련은 성숙의 밑거름이다. 우리를 힘들게 하는 사람은 변화와 성장의 걸림돌이 아니라 '디딤돌'이다.

고통의 경험을 통해 우리는 겸손해지고 성숙해진다. 당신이 지나온 고통의 터널, 그 터널을 지나면서 배운 것은 무엇인가?

인생곡선 그리기

내 인생의 주요 사건을 적으세요.

0 ~ 10세	11 ~ 20세	21 ~ 30세	31세 ~ 현재

각 사건에 점수를 매겨 아래 표에 점으로 표시하세요. 행복하고 만족스러운 사건은 상단(1~5점)에, 힘들고 고통스러운 사건은 하단(-1~-5점)에 표시하면 됩니다. 그 점들을 연결해 인생곡선을 그리세요.

				5
				4
				3
				2
				1
0 ~ 10세	11 ~ 20세	21 ~ 30세	31 ~ 현재	
				-1
				-2
				-3
				-4
				-5

인생곡선에서 가장 도드라지는 사건이나 퍼포먼스, 결과나 성과는 무엇인가요? 서너 가지를 골라서 아래 표의 왼쪽에 적고, 그 경험이 자신에게 안겨준 메시지를 오른쪽에 적어보세요.

사건	메시지

삶과 육아의 핵심 가치

선택에 정답은 없다

몇 가지 질문을 하겠다. 당신은 어떤 선택을 할지, 혹은 했을지 궁금하다.

❶ 자연분만을 할 것인가, 수술을 할 것인가?

❷ 산후조리를 위해 조리원을 갈 것인가, 집으로 도우미를 부를 것인가?

❸ 아이의 돌잔치를 크게 할 것인가, 직계가족만 초대할 것인가? 아니면 돌잔치는 하지 않고 그 비용을 아이에게 쓸 것인가?

❹ 아이가 떼를 쓸 때 울릴 것인가, 달랠 것인가?

❺ 일을 할 것인가, 육아에 전념할 것인가?

❻ 유기농 식재료를 살 것인가, 그 비용을 아껴서 여행을 갈 것인가?

❼ 어린이집에 보낼 것인가, 데리고 있으면서 가정교육에 신경 쓸 것인가?

❽ 장난감을 사줄 것인가, 말 것인가? 사준다면 무엇을 얼마만큼 사줄 것인가?

이 질문들에 대한 정답은 무엇일까? 정답이라는 게 있기는 할까?

《세상의 엄마들이 가르쳐준 것들》을 쓴 재미동포 2세 크리스틴 그로스-노 박사는 세계 18개국의 양육법을 비교·분석한 양육 전문가이자 미국과 일본을 오가며 네 아이를 키운 엄마다. 미국에선 아이를 혼자 재우는 게 당연하고, 일본과 스웨덴에선 아이 곁에서 함께 자는 것을 중요하게 여기는 등 문화권마다 육아 방식이 다른 것을 발견한 그로스-노 박사는 "육아는 문화이고, 양육법에는 정답이 없다. 육아법은 사회문화적 배경, 지역의 영향, 그 외 여러 요소들의 영향을 받는다는 것을 부모들이 알아야 한다"고 말한다.

선택의 기로에 설 때마다 정답을 찾아 고민하지만, 정답은 따로 없다. 선택이 있을 뿐이다. 삼십 년 전에는 안전한 출산 방식으로 유행처럼 번졌던 제왕절개가, 지금은 생명에 위협이 있을 때만 마지못해 선택하는 출산법이 되었다. 육아도 유행이 있고, 선호하는 육아법도 저마다 다르다. 결국 부모가 자신이 처한 상황에서 자신의 가치에 기반해 최선의 방식을 선택할 뿐이다.

어둠 속 사막을 걸을 때 북극성을 의지하듯 가치는 답이 안 보여 막막할 때 길을 알려주는 방향키다. 인생이 본래 그렇지만, 육아는 쉴 새 없는 선택의 연속이다. 그래서 선택이 조심스럽다. 나 아닌 아이에게 직접적인 영향을 미치기 때문이다. 그래서 부모는 더더욱 중요하게 여기는 가치가 분명해야 한다.

그렇다면 자신이 중요하게 여기는 가치는 어떻게 알 수 있을까?

나의 가치, 부부의 가치, 가족의 가치

가치를 찾는 가장 명확한 방법은 자신이 타인을 어떻게 보는지를 아는 것이다. 당신이 존경하는 사람, 당신을 화나게 하는 사람을 찾아보면 당신이 중요하게 생각하는 가치가 드러난다.

예를 들어보자. 나는 오소희 작가를 무척 좋아한다. 세 돌이 갓 지난 아이와 함께 한 달간 터키, 라오스, 아프리카 등지를 여행하며 다수의 책을 썼고, 인도네시아 우붓의 고아원과 정기적으로 교류하며 엄마들의 고민 해결도 돕는 분이다. 내가 그 분을 좋아하는 이유는 자기 색깔이 분명하면서도 다른 사람의 마음을 읽는 공감 능력이 뛰어나기 때문이다. 그렇다면 모든 사람들이 같은 이유로 그 분을 따를까? 아니다. 솔직함, 도전정신, 유쾌함, 자기관리 능력 등 그 분을 좋아하는 이유는 제각각이다. 평가는 각자의 가치대로 하게 되어 있다. 즉 누군가의 개성이 좋아 보이는 것은 그 개성이 자신의 가치에 부합하기 때문이고, 나쁘게 보이는 것은 그 개성이 자신의 가치에 부합하지 않아서다. 그러니 그 분을 싫어하는 사람이 있는 것도 당연하며, 내가 그 분의 개성과 공감 능력을 좋게 보는 것은 전적으로 그것이 나에게도 중요하기 때문이다. 즉 우리는 상대를 있는 그대로 보지 않고 머릿속 이미지를 반영하거나 자신의 가치로 판단한다.

이처럼 개인의 성향인 태도나 특성에 대해 다른 사람에게 무의식적으로 그 원인을 돌리는 심리적 현상을 정신분석학에서는 '투사'라고 말한다. 그 사람이 '그런 사람'이어서가 아니라 내가 '그런 사람'이라서 상대를 '그런 사람'으로 본다는 뜻이다. 빨간 안경을 쓰고 보는 세상은 빨갛고, 파란 안경을 쓰고 보는 세상은 파란 것처럼 말이다. 이에 대해 칼 융 전문가 이부영 박사는 《분석심리학 이야기》에서 이렇게 말한다.

"특정인이나 어떤 대상에 대해 강렬한 감정을 느낄 때, 그 대상에게 집착해 헤어나오지 못할 때, 더구나 그 이유를 잘 모를 때 우리는 그 대상에게 자기의 무의식적인 부분을 투사하고 있을 가능성이 있다."

누군가를 싫어하거나 경멸하는 것도 투사이다. 내게 중요한 가치와 반대로 행동하는 사람을 우리는 싫어한다. 이 경우는 부정적 투사에 해당된다. 이때 싫어하거나 경멸하는 특징과 반대되는 말이 자신의 가치가 된다. 예의 없는 사람을 경멸한다면 자신의 소중한 가치가 예의여서 그것이 없는 사람을 경멸하게 된 것이다. 불성실한 사람이 싫다면 성실이 가치이고, 약속 안 지키는 사람을 싫어한다면 신뢰가 가치인 것이다.

　좋고 싫은 감정을 강하게 표현하는 사람일수록 자신의 가치를 선명하게 보여준다고 말할 수 있다. 그러니 특정인이 좋다고 해서 그를 우상화할 것도 없고, 싫은 감정이 든다고 해서 비난할 필요도 없다. 특히 싫어하는 사람과의 관계는 가치를 찾는 좋은 계기가 된다. 거울을 봤는데 거울속 내 얼굴에 검댕이 묻어 있다면 거울을 닦아야 할까, 내 얼굴을 닦아야할까? 거울을 백날 닦은들 검댕은 없어지지 않는다. 그것은 나의 것이기때문이다.

나만의 가치 찾기

과거 인터뷰

172쪽에서 작성했던 인생곡선은 지나온 과거의 경험 속에 숨어 있는 가치를 찾는 작업입니다. 절정경험(상단에서 가장 점수가 높은 경험) 3가지, 바닥경험(하단에서 가장 점수가 낮은 경험) 3가지를 꼽아 각각의 경험에서 소중했던 가치를 단어로 적어보세요(182쪽 가치 목록 참고).

절정경험	① 실현된 가치	바닥경험	② 좌절된 가치
예시) 편입	예시) 과정에 충실하기	예시) 난임	예시) 생명, 가족

거울 인터뷰

❶ 존경하고 닮고 싶은 사람을 3명 적고, 그들에게서 어떤 특징을 배우고 싶은지 2가지씩 적으세요.

존경하는 사람	③ 존경하는 특징
예시) 오소희	예시) 개성, 공감 능력

* 특정 인물이 떠오르지 않으면 우측에 존경하고 따르는 사람들의 특징만 적어도 좋습니다.

❷ 싫어하고 경멸하는 사람을 3명 적고, 그들의 어떤 특징이 특히 싫은지를 2가지씩 적으세요.

싫어하는 사람	④ 싫어하는 특징
예시) 직장상사 A	예시) 독단, 이중성

* 특정 인물이 떠오르지 않으면 우측에 싫어하는 특징만 적어도 좋습니다.

❸ ④ 싫어하는 특징과 반대되는 말을 찾아보세요. 사전적 반대말이 아닌 '그 사람이 마땅히 해야 하는 행동'을 적으면 됩니다.

④ 싫어하는 특징	⑤ 반대되는 말
예시) 독단	예시) 소통
예시) 이중성	예시) 진정성

가치 가지치기 및 정의 내리기

❶ ①, ②, ③, ⑤에 적힌 단어들을 아래에 나열해주세요.

❷ 이 중에서 소중한 순서대로 아래 칸을 채운 후 자신의 언어로 각 가치를 정의 내려보세요.

예시) 진정성: 내면의 감정과 욕구와 밖으로 드러나는 말과 행동이 일치하는 것
1번 가치:
2번 가치:
3번 가치:

가치 실천하기

자신에게 소중한 가치를 일상에 녹아내릴 수 있도록 새로운 실천을 해보세요. 예시를 참고해서 내가 할 수 있는 방법을 찾아 적어보세요.

예시) 진정성: 말한 것은 꼭 지키기

가치 목록

아래의 가치 목록을 참고하세요.

가치 목록				
성취	내적 평화	지적 능력	보람	진리
인정	전문성	안전성	재미	신뢰
사랑	명예	리더십	권위	배려
예술	효율성	평화	존경	지혜
도전	자유	깨달음	감사	존중
변화	성장	풍요	책임	의미
균형	소통	자연	희망	열정
아름다움	봉사	자아실현	정직	조화
협력	영향력	건강	함께	개성
창조성	성실	즐거움	여유	소속감
배움	기여	현존	수용	진실함
진정성	헌신	긍정	겸손	믿음
공감	소신	몰입	중용	용기
실천	유연성	단순함	한결같음	혁신
너그러움	효과	가족	목적의식	통찰

마지막 순간에 쓰는 편지

죽음을 의식하니 모든 게 달리 보인다

KBS에서 방영된 3부작 다큐멘터리 〈앎〉은 죽음에 대한 내용을 담고 있다. 암 선고를 받은 젊은 엄마들의 얘기, 결혼한 지 십 년 만에 얻은 귀한 아이를 두고 세상을 떠날 준비를 하는 서진이 엄마의 얘기, 서른두 살의 젊은 나이에 위암 4기라는 절망을 맞았지만 다른 환우들을 위해 열정적인 의료봉사를 펼친 정우철 씨의 얘기 등 죽어가는 사람들과 가족의 죽음을 지켜보는 사람들의 얘기가 담담하게 담겨 있다. 그러나 시청자 입장에서는 그 영상을 결코 담담하게 받아들이지 못했다.

죽음을 정면으로 마주하거나 죽음을 생각하는 것은 내키지 않는 일이다. 오히려 두려운 일이다. 두렵기에 보지 않으려 하고, 보지 않기에 두려움은 계속된다. 그러나 삶은 언젠가 끝난다는 것이 세상의 이치다. 부자도, 성공한 사람도, 착한 사람도, 열심히 산 사람도, 그 누구도 죽음을 비껴갈 수 없다. 게다가 죽음은 갑자기 찾아온다. 절대 그렇게 되지 않길 바라지만, 내일 아침에 아이를 어린이집에 데려다주고 오는 길에 사고로 목숨을 잃을 수도 있다. 속이 더부룩해서 병원에서 검사를 했는데 위암이라며 6개월 시한부 선고를 받을 수도 있다. 출근하는 남편에게 보낸 짜증나는 말투와 무심한 시선이 남편이 기억하는 나의 마지막 모습이 될 수도 있다. 끔찍한 상상이지만, 그럴 수 있는 일이다.

우리는 모두 시한부 인생을 산다. 그래서 '언젠간 끝날 삶을 어떻게 살것인가?'라는 질문을 나와 주변에 던지곤 한다. 이 질문은 '인생을 왜 그렇게 살아?'라는 비난도, '언제 죽을 줄 모르는데 더 열심히 살아야지'라는 협박도 아니다. 자신에게 가장 소중한 것을 분별해 시간과 에너지를 쏟도록 촉진하기 위한 질문이다.

내일 당장 세상을 떠나도 괜찮은가?

지금 이 상태로 충분히 만족하는가?

원하는 만큼 누리고 거두고 봉사했는가?

가족들을 마음껏 사랑하고 그 마음을 표현했는가?

아쉽고 후회되는 것은 무엇인가?

용서를 구해야 할, 감사를 전해야 할 사람은 없을까?

삶의 끝에 서면, 즉 죽음을 의식하면 현재의 삶이 다르게 보인다. 마치 시험 하루 전날에 분초를 다투며 최선을 다해 공부하듯, 한 조각 남은 초콜릿을 입 안에 넣고 살살 녹여가며 음미하듯 남은 시간이 보인다. 삶의 유한성을 자각하면 함부로 말하고 행동할 수 없다. 내 앞에 서 있는 사람이 참으로 소중하고, 나에게 주어진 한 시간이 무엇보다 귀해 보인다. 나의 마지막 말, 마지막 행동이 될 수 있기 때문이다.

개그우먼 김지선 씨는 방송 촬영차 죽음을 체험한 얘기로 시청자들의 눈물을 쏟아냈다. 그는 호스피스가 안내하는 대로 종이에 가장 소중한 신체 부위를 적고, 소중한 보물을 적고, 소중한 가족을 적고, 그리고 마지막으로 인생에서 놓치기 싫은 것들을 적었다고 한다. 그러자 호스피스가 말했다.

"지금 중대한 병에 걸려서 병원에 입원했습니다. 여기 적으신 것들 중에서 일부를 포기해야 합니다. 다섯 가지를 지우세요."

잠시 뒤 호스피스가 다시 말했다.

"다음날, 병이 더 악화되었습니다. 두 개를 더 지우세요."

하나하나 지워가다 보니 그토록 아등바등했던 일도 지우게 되고 눈, 코, 입 같은 신체 부위도 지우게 되고, 마지막 남은 것이 남편과 아이들이었다고 한다. 아무리 지우려고 해도 가족의 이름은 지울 수가 없었단다. 일을 하는데 아들이 전화해서 "엄마 언제 들어와?" 하고 물으면 "이놈의 시키, 너 장난감 사주려고 이렇게 엄마가 일하는 거잖아"라고 면박을 주곤 했는데 도대체 무엇을 위해서 그렇게 일에 매달렸는지, 왜 소중한 것을 소중하게 대하지 못하고 살았는지 후회가 밀려왔다고 한다.

비단 김지선 씨만 그렇겠는가. 우리 모두 그렇게 산다. 일하느라, 돈 버느라, 먹고 살 궁리를 하느라 소중한 가족, 소중한 건강, 소중한 휴식, 소중한 꿈들을 놓치고 산다. 당신은 어떠한가?

만약 당신의 삶이 6개월 뒤에 끝난다고 해도 지금처럼 살 것인가?

살 수 있는 날이 6개월뿐이라면 남은 시간은 어떻게 살고 싶은가? 누구를 만나서 무슨 말을 하겠는가? 무엇을 하고 무엇을 하지 않겠는가?

삶을 잘 마무리하기 위해서 6개월 안에 꼭 해야 할 것은 무엇인가?

아이와 남편을 위해 무엇을 남기겠는가? 아이에게 어떤 엄마로, 남편에게 어떤 아내로 기억되길 바라는가? 이 세상에는 무엇을 남기겠는가?

죽음의 순간에 사람들에게 어떤 말을 듣고 싶은가?

내 삶에서 가장 소중한 것을 깨닫다

엄마들과의 워크숍에서 묘비명을 작성해보라는 주문을 하곤 한다. 지금 삶이 끝난다면 묘비에 무슨 글이 남겠는지 적어보라고 했더니 한 엄마가 이렇게 적었다.

'착한 딸 아들 바보. 좀 더 멋지게 살고 싶었다. 멋대로 살고 싶었다.'

아쉬움이 느껴졌다. 그녀는 학창 시절부터 생계를 책임지느라 하고 싶은 것을 해본 적이 거의 없었다고 했다. 그다음 시간에 마지막 편지 쓰기, 1년 설계하기까지 마친 후 다시 작성한 그녀의 묘비명엔 이렇게 적혀 있었다.

'하고 싶은 걸 해봤는데 생각보다 좋았어.'

그녀는 눈물을 쏟으며 이 문장을 읽었다. 그간 억눌러온 욕망이 그녀를 뒤흔들었고, '나를 위해 살아도 좋아'라고 스스로에게 말을 건네고 있었다. 그녀에게 꼭 해보고 싶은 일을 묻자 "공방"이라고 환하게 웃으며 답했다. 하고 싶은 걸 하며 살아도 좋다. 그럴 때 우리는 살아 있음의 황홀을 느낀다.

다행히도 여성의 평균 수명은 85.4세(2016년 기준)다. 평균 수명만큼 산 뒤에 사랑하는 사람들에게 둘러싸여 고요히 죽음을 기다리는 당신의 모습을 상상해보라. 지혜롭고 따뜻하고 당당한 자신의 모습을 상상해보라. 그 순간 가족들에게 무슨 말을 남기고 싶은가?

워크숍에서 만난 엄마들은 이런 글을 남겼다.

여보, 고맙고 또 고맙습니다. 사랑한다는 말 많이 못 해줘서 미안해. 당신은 나에게 최고의 남편이었어. 당신 덕분에 힘을 내고 꿈을 펼칠 수 있었지. 고맙습니다. 사랑해요.

아이들아, 나에게 와줘서 정말 고마워. 너희들을 키우며 내가 더 성장할 수 있었단다. 나에게 와줘서, 무한한 행복을 느끼게 해줘서 정말 고마워. 나는 먼저 갈 테니 부디 행복한 나날의 삶을 살기를, 하고 싶은 것을 맘껏 할 수 있는 용기를 가지길 바란다. 살아보니 별거 없다. 그저 행복해라. 미래의 행복을 위해 현재를 저당잡히지 말고 그저 매순간 행복하거라.

— 따뜻한 현진 씨

딸, 참으로 고맙다. 우리 품에 와줘서 고맙고 또 고마웠다. 네가 오고 나서 엄마와 아빠는 세상을 보는 시선이 달라졌단다. 네가 세상 밖으로 한걸음씩 내딛는 것을 바라볼 때마다 가슴이 벅찼고 말로 표현할 수 없는 행복을 느꼈어.

내가 완벽한 사람이 아니라서 너에게 완벽한 엄마가 아니었을 거야. 일관성 있게 훈육하는 것이 힘에 부칠 때도 종종 있었지. 너도 크면서 느꼈겠지? 하지만 너를 키우면서 아빠와 다짐한 약속인 '우리 아이에게 행복한 어린 시절을 선물해주자', '옳고 그름을 똑똑히 분별하도록 모범을 보이자'만큼은 지키려고 노력해왔단다.

우리의 작지만 사랑 가득한 노력에 너는 엄청난 보답을 했고, 지금도 하고 있어. 삶을 대하는 진실하고 정직한 너의 태도는 엄마도 본받고 싶을 정도야. 너를 가졌을 때 아빠가 그랬지. 이 아기는 세상을 바꿀 거라고. 아빠가 옳았어.

내 아기, 내 딸, 나의 가장 친한 친구. 너무 많이 울지 않기를 바란다. 우리 이미 얘기한 것처럼 잠시 서로를 보듬지 못할 뿐 언제나 마음으로 함께할 거란 사실, 잘 알고 있으니까. 너로 인해 엄마의 인생은 따뜻하고 즐거웠어. 사랑하고 또 사랑한다.

– 임영희

엄마는 많이 외롭고 쓸쓸했다. 그런 감정 때문에 너무 힘들 때면 엄마의 부모님을 탓하거나 엄마 자신을 원망했었어. 그런데 아빠를 만나고 너희들이 태어나면서 그 구멍은 처음보다 아주 많이 작아졌어. 참으로 고마운 일이지. 그런데 엄마는 그 구멍을 마저 메우기 위해서 애쓰지는 않았어. 가끔씩은 마주치고 들여다봐도 괜찮았어. 만일 너희들의 마음에도 그런 구멍이 있다면 사랑하는 사람들과 함께 있다는 사실을 잊지 말고, 천천히 시간을 들여 살펴보기를 바라. 그 속에서 어쩌면 너희 본연의 모습을 볼 수도 있고, 좀 더 시간이 지나면 그대로 받아들이고 인정할 수도 있을 거야. 혼자 있는 시간을 두려워하지 않기를 바란다.

엄마는 편안해. 너희들 곁에 더 이상 있을 수 없다는 사실은 참 가슴 아프고 안타깝지만, 때가 되어 세상에 나왔듯이 이제 다시 돌아갈 때가 된 것이라고 엄마는 믿어. 네 아빠가 평화롭게 죽음을 맞이했듯이, 엄마도 그렇단다. 그러니 엄마를 축복해주렴.

한 가지 부탁이 있다. 아빠와 엄마의 생일에 나무 한 그루씩 심어주렴. 그리고 같이 모여 밥을 먹고 즐거운 시간을 가지기를 바랄게. 너희들이 그렇게 엄마, 아빠를 기억해주었으면 싶다.

— 김미정

평범한 엄마들이 쓴 이 편지가 그 어떤 명언보다 감동적이다. 자신의 삶에서 깨달은 진실, 깊은 사랑이 녹아 있어서다. 편지 어디에도 성공, 성적, 경쟁, 승리와 같은 배타적인 단어가 보이질 않는다. 하나같이 행복, 기쁨, 내면의 소리, 고마움에 대해서 얘기하고 있다. 이것이야말로 삶에서 가장 중요한 것이 아닐까? 바쁜 일상을 사느라 잠시 잊었을 뿐 이미 마음속으로는 알고 있는 것이 아닐까?

마지막 편지 쓰기

현재의 묘비명 써보기

묘비명은 고인의 경력이나 업적, 일생을 상징하며 세상에 남기는 마지막 인사이기도 합니다.

지금까지의 삶을 기준으로 묘비명을 작성한다면 어떤 글이 적힐까요?

아래 질문에 답을 고민해보며 묘비명을 써보세요.

❶ 내일 당장 세상을 떠난다면 지금 이 상태로 만족하나요?

❷ 원하는 일들을 충분히 했나요?

❸ 가족과 가까운 사람들을 마음껏 사
랑하고 그 마음을 표현했나요?

❹ 아쉽고 후회되는 일이 있나요?

❺ 용서를 구하거나 감사를 전해야 할
사람은 없나요?

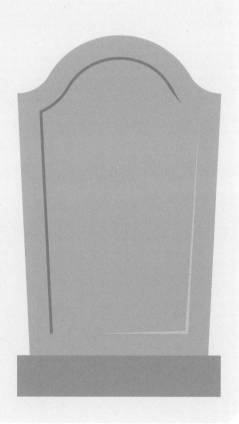

원하는 묘비명 써보기

여성의 평균 수명은 86세입니다. 86세까지 장수해서 꿈을 이루고 가치대로 살며 더욱 지혜로워지고 충만해지고 행복해져서 삶을 마감한다면 당신의 묘비명엔 무엇이라고 적힐까요? 아래 질문에 답해본 후 묘비명을 완성해보세요.

❶ 죽기 전에 꼭 도전해보고 싶은 것을 꼽는다면 무엇인가요?

❷ 만약 6개월의 시한부 선고를 받게 된다면 그 시간을 무엇에 쓰시겠어요?

❸ 세상을 떠난다면 당신을 가장 그리워할 사람은 누구인가요? 왜 그렇게 생각하나요?

❹ 삶의 마지막 순간에 주변 사람들에게 어떤 말을 들으면 가장 의미 있을까요?

❺ 자녀(들)가 어떤 삶을 살기를 바라나요?

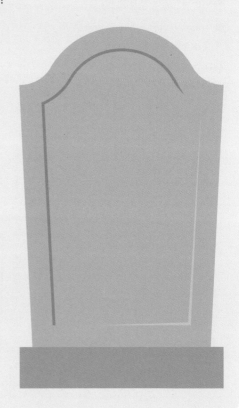

마지막 편지 써보기

죽음을 기다리는 순간에 가족들에게 남기고 싶은 말을 편지로 적어보세요. 조용한 시간과 공간을 찾아 적는 것이 좋습니다.

사랑하는 나의 가족에게

셀프코칭 4단계

꿈과 가까워지는 1년 후 일기

잊고 있었던 꿈 소환하기

떨리는 목소리로 일기를 읽어나가던 봉성 씨의 볼에 결국 눈물이 흘렀다. 흐느끼느라 더 이상 읽지 못해서 일기를 받아 내가 마저 읽었다. 남의 일기를 읽는 나도 감동에 벅찬데, 직접 쓴 그녀는 얼마나 감정이 북받칠까?

"처음 코치님이 일기를 쓰라고 했을 때 손발이 오그라드는 줄 알았어요. 너무 어색해서요. 그래도 쓰고 나니 좋더라고요. 근데 읽으면서 이렇게 눈물이 나올 줄은 몰랐어요. 되게 신기해요. 쓰는 거랑 소리 내서 읽는 거랑은 또 다르네요."

그 날의 워크숍은 일 년 뒤의 삶을 이미 일어난 일처럼 일기로 써 와서 다른 엄마들 앞에서 낭독하는 시간이었다. 여럿이 울었다. 울음 안에는 슬픔이 아닌 간절함과 감격이 담겼다.

육아를 하느라 잃은 것들 중에서 빼놓을 수 없는 것이 '꿈'이다. 세상은 꿈이 있는 엄마에게 이기적이거나 비현실적이라고 눈총을 준다. 엄마는 아이가 우선인데 자기를 먼저 생각한다면서….

그래서일까? 출산을 하고 아이를 키우는 우리는 꿈꾸고 있기엔 이미 철들어버렸다. 하지만 꿈을 잊고 현실에 안주하기엔 아직 젊다. 꿈과 현실이 조화롭게 양립할 수는 없는 걸까? 정말 방법이 없을까? 현실에 굳건히 발붙이고 서서 저 멀리 있는 꿈을 향해 한 발 한 발 내딛는 방법 말이다.

숨만 쉴 뿐 감동이 빠져 있다면 다시 꿈을 꿀 때다. 질퍽한 현실을 희망으로 이끌 때다. 그래야 살아갈 의미가 있고, 살아 있음을 느낄 수 있다.

꿈과 현실의 조화를 위한 노력들

일상에서 꿈과 현실이 조화를 이루려면 새로운 접근이 필요하다.

일단 꿈을 그릴 때는 '무엇이든 가능하다'는 전제에서 출발해야 한다. 현실감각은 오히려 장애가 된다. 은행 대출이 얼마가 있건, 학력이 어떻건, 모아놓은 돈이 얼마건, 아이가 몇이건, 얼마나 오래 일을 쉬었건, 인간관계가 얼마나 빈약하건 상관없다. 현재 모습이 당신의 전부가 아니다. 분명 지금과 다른 차원의 삶을 살 수 있다.

그러려면 색다르게 접근하고, 상상력을 발휘해야 한다. 현실의 늪에 깊이 빠져 있을수록 그렇다. '무엇이든 할 수 있다면', '아무런 제약이 없다면', '램프의 요정 지니가 나타나 모든 소원을 들어준다면', '기적이 일어난다면'과 같은 도발적 전제에서 출발해보는 것이다.

돈과 시간, 능력이 무한하다면 어떤 모습으로 살고 싶은가?

영화나 책을 보며 '저렇게 살고 싶다'고 동경한 모습은 무엇인가?

죽기 전에 꼭 보고 싶은 장면은 무엇인가?

내 능력이 최고로 발현된다면 어디까지 도전해보고 싶은가?

빈 종이를 꺼내 생각이 이끄는 대로 마구 적어보라. 벽에 붙여놓고 계속 덧붙여도 좋다. 하고 싶은 일, 갖고 싶은 취미, 소유하고 싶은 물건, 만나고 싶은 사람, 키우고 싶은 능력과 강점, 가보고 싶은 곳, 한 번쯤 도전해보고 싶은 것을 모조리 적어라. 남들 눈에 거창해 보일 필요도 없다. 막연해도 좋고 비현실적이어도 좋다. 아니, 그럴수록 좋다. 그것을 이루는 현실적인 방법, 전략, 소요 시간은 나중에 생각할 일이다. 지금은 백지수표를 들고 백화점에 가서 마음에 드는 것을 집는다는 심정으로 마음속 열망을 잡아채야 한다. 처음 연애를 하면서 남자친구를 만나러 가는 가슴 떨린 그 순간처럼, 첫 출근 때 밝은 미래를 그리며 신나 했던 그 순간처럼 생각만 해도 기운이 나고 미소가 지어져야 한다. 그것에 대해 얘기를 할 때 얼굴에서 빛이 난다면 확실하다.

미래는 아직 밟지 않은 눈길이다. 붓 한번 스친 적 없는 스케치북과 같다. 어디로 걸어갈지, 무엇을 그릴지는 전적으로 자신의 선택이다. 소복이 쌓인 눈길 위에 선 것처럼, 붓을 들고 하얀 스케치북 앞에 선 것처럼 그렇게 당신의 꿈을 써라.

워크숍에 참여한 엄마들이 쓴 꿈들을 분야별로 정리해보았다. 엄마들은 한동안 잊고 있었던 꿈을 지금 이 순간으로 소환하면서 행복해했다. 꿈을 말하고 듣는 것만으로도 가슴 설렜고, 생각만 하던 것을 글로 적고 입 밖으로 꺼내면서 이미 이룬 것 같은 기분 좋은 착각을 했다.

: : 가족, 육아, 살림과 관련된 꿈

● 자연과 더불어 살기 ● 텃밭과 정원이 있는 우리 집 마련하기 ● 설계와 공사를 모두 내 손으로 해서 진짜 내 집 짓기 ● 산이 보이는 내 소유의 밭에서 가족이 먹을 과일과 채소 기르기 ● 가족 중심, 특히 부부 중심으로 살기 ● 지구 환경을 생각하고 실천하며 살기 ● 사교육 안 시키고 땅 밟으며 아이들 키우기 ● 자식들에게 존경받는 엄마 되기 ● 아이를 인격적으로 성숙한 사람으로 기르기 ● 공원과 도서관이 가까운 곳에 살면서 매일 산책하고 책 읽기

: : 여행, 취미, 봉사와 관련된 꿈

● 아이들이 중학교에 입학하기 전 2~3년간 가족이 함께 세계여행 가기(1년 정도 는 해외에서 살아보기) ● 온 가족이 히말라야 등반하기 ● 산티아고 순례하기 ● 오 지에서 봉사활동하기 ● 말을 타고 달리며 자유 만끽하기 ● 악기를 배워 공연하기 ● 스무살이 된 딸과 친정엄마와 셋이서 여행 가기 ● 유키 구라모토처럼 나이 많 아도 끊임없이 노력해서 피아노 앨범 내기 ● 동네 중고등학생 아이들이 편히 쉴 수 있는 사랑방 만들기 ● 예술과 여행을 즐기며 자유롭게 살기 ● 세계 오지여행 을 다녀와서 내 이름으로 여행 책 내기

: : 직업, 역량, 소유에 관한 꿈

● 교사로서 열정과 사명감 가지기 ● 가슴 뛰는 천직 찾기 ● 극장 주인 되기 ● 5개 국어 구사하기 ● 독서치료사 자격증 따기 ● 많은 사람들이 찾는 학자 혹은 강연 가 되기 ● 사람들에게 힘이 되는 책 쓰기 ● 영어로 자유롭게 대화하기 ● 아동학 이나 심리학 분야 공부하기 ● 사람들에게 꿈과 희망을 불어넣는 강사 되기 ● 공부 하는 엄마나 전문가 엄마로 살기 ● 집에 나만의 작업실을 두고 그림 그리기 ● 음 악과 교육 분야에 나의 자리 만들기

꿈을 통해 1년 뒤의 일기 미리 쓰기

마음에 들어오는 꿈의 조각들을 모았다면 다음 단계는 '1년 뒤의 일기 미리 쓰기'다. 일기란 보통 일어났던 일을 쓰기 때문에 생생할 수밖에 없다. 그러나 1년 뒤는 아직 오지 않은 미래다. 일어나지 않은 일을 일어난 것처럼 상상하며 생생하게 쓰는 것이 핵심이다.

평범한 주부로 지내다 중년을 훌쩍 넘겨 글쓰기를 시작해 작가가 된 한명석은 세 번째 책《나는 쓰는 대로 이루어진다》에서 글쓰기의 자기암시 효과를 얘기한다.

"간절히 원하는 것을 생생한 글로 쓰면 뇌가 목표 중심으로 프로그래밍되어 아주 작은 징후도 놓치지 않고 따로 떨어져 있는 것들을 연결해 새로운 기회를 만들어내고, 강력한 실천력을 갖추게 된다."

칼 융이 말한 '동시성'의 원리가 여기에 적용된다. 그는 "우리는 모두 자기 인생의 작가이며, 인생 경험을 재료로 새로운 얘기를 펼쳐가는 저자"라며 자기 삶의 대본을 직접 쓰라고 부추긴다.

한명석은 책의 에필로그에 그녀의 미래 자서전을 실었는데 일, 가족, 여행, 나눔, 공간, 베스트셀러, 관계, 매력, 마을이라는 아홉 개의 항목으로 구분되어 있다. 그중에서 인상 깊게 읽은 대목이 있다.

"나의 종착지는 마을이 되었으면 좋겠다. 어쩌면 그것은 아이들과 같이하는 펜션 마을이 될지도 모른다. 아니면 새로운 형태의 거주지 실험을 해도 좋겠다. 어느 동호회에서 직접 마을을 조성할 수도 있다."

이 글을 읽으며 소름이 돋았다. 그녀가 제주도에 내려가 숙소를 구해서 공동거주와 공동저술을 하고 있다는 소식을 최근에 들었기 때문이다. 간절해서 글로 적고 나면 글이 우리의 선택을 이끈다는 말을 그녀가 현실화한 것이다.

꿈을 적을 때는 비현실적일수록 좋지만, 비교적 가까운 미래인 1년 뒤의 일기를 적을 때는 현실적인 접근이 필요하다. 장애물과 극복 방안도 충분히 고려해야 한다. 영화 〈쇼생크 탈출〉의 주인공 앤디처럼 말이다. 그는 촉망받던 은행 부지점장에서 하루아침에 살해 혐의로 종신형을 받고 수감된다. 억울한 누명을 쓴 것도 모자라 다른 재소자에게 강간까지 당했지만 감옥에서 빠져나갈 수 있다는 희망을 잃지 않는다. 현실적인 시각으로만 보면 그는 미래에 대해 대책 없이 긍정적이었다. 그러나 만약 자유에 대한 희망만 간직했다면 그가 탈출에 성공할 수 있었을까?

그는 교도소라는 냉혹한 현실을 직시하고 매일 숟가락으로 벽을 파냈다. 먼 미래는 낙관하되, 발을 딛고 있는 엄연한 현실에서 출발한 것이다. 가는 길이 만만치 않다는 사실을 알지만 결국 될 것이라고 믿었다. 이러한 태도를 베트남전쟁 당시 팔 년간의 포로생활에서 풀려난 스톡데일 장교의 이름을 따서 '스톡데일 패러독스'라고 부르는데, 다른 말로 하면 '합리적 낙관주의'다.

이제 당신 차례다. 종이를 가득 채운 꿈들 중에서 가장 절실한 것을 골라 1년 안에 어떤 모습이 되면 좋겠는지 일기로 써보라. 절실함은 '장애물을 무릅쓰고라도 이루고 싶은 것'이다. 예상보다 오래 걸려도 감수한다는 뜻이다. 명예나 인정이 아닌 내적 충만감을 위해 기꺼이 뛰어들어 부딪쳐볼 것을 골라라. 골랐다면 그 결과에 대해선 한없이 행복하고 충만하게 묘사하고, 그 과정에 대해선 비관적이더라도 현실적으로 묘사하라. 글솜씨가 없어도 상관없다. 스스로 쓰고 읽는 동안 마음이 글에 공명하는지가 유일한 조건이다.

다음은 눈물 없이 들을 수 없었던 봉성 씨의 일기다.

올 한 해 나는 작아 보이지만 많은 것들을 했다. 먼저 요가를 꾸준히 했다. 덕분에 아프던 몸이 말끔히 나았다. 한약에 기대지 않고도 말이다. 근력도 생겼다. 몇 달 전부터는 헬스장도 다니기 시작했다. 두 아들을 기르느라 자주 가지는 못해도 신랑이 집에 있을 때는 가급적 가고, 헬스장에 갈 상황이 안 되면 집에서라도 애기 낮잠 때 운동을 하려고 애썼다. 몸이 아프지 않으니 활력도 생기고 그 활력으로 산책도 나가고 에너지가 생겼다. 긍정적인 마음? 그런 것들도 다 내가 여유 있을 때나 되는 것이었다. 마음의 여유 없이 긍정은 없었다. 그저 생각이며 주문일 뿐이었다. 그러나 내가 편해지고 여유가 있으니 보다 더 넉넉해졌다.

올 봄. 두 돌 된 율이를 어린이집에 보내며 내 시간의 중요성을 다시금 깨달았고, '두 돌까지는 내가 키워야지'라는 집착도 내려놓았다. '율이는 너무 어려', '아직은 엄마가 돌봐야지', '낮잠은 무리야. 내가 재워야지'라는 집착도 내려놓았다. 개인 시간을 갖기 위해서 분유도 가끔 먹였고, 사탕도 가끔 썼다. 클수록 손이 더 많이 간다는 것을 아는 두 아이의 엄마니까.

둘째를 낳은 후로는 율이도 어린이집에서 낮잠 자고 돌아온다. 이곳 어린이집 산책길이 참 좋아서 가을에 유모차에 둘째 태우고 어린이집으로 가 율이를 데리고 나와 한 바퀴 산책 삼아 돌고 내려올 때 그 상쾌한 기분, 즐거운 순간을 잊을 수가 없다. 아, 벌써 봄이 기다려진다. 이 산책길과 도서관 때문에 굳이 내년에 어린이집을 바꿀 생각이 없다. 지금 어린이집은 어느 정도 제약은 있으나 내가 키우지 않고 맡기는 한 제약은 어쩔 수 없고, 주변 환경과 더불어 이 어린이집이 참 좋기 때문이다. 율이 때는 애 하나 데리고 아파트 앞 산책도 나가지 못했는데 올해 나는 애 둘을 데리고도 기분 좋은 산책을 했다. 짝짝짝! 잘했다.

내가 신이 나고 기운이 있으니 신랑도 아이들도 훨씬 즐거워했다. 그리고 어린이집 앞에 도서관이 있어서 올해는 책도 많이 챙겼다. 추천받은 책들은 거의 읽었고 그냥 읽고 싶은 책들도 스르륵 많이 읽었다. 올 초에 구입한 책장은 벌써 책으로 꽉 찼다. 책장을 또 사야 하나. 책을 잘 안 읽던 신랑도 바쁜 시간을 짬내 같이 책을 읽었고 우리의 대화는 더 풍성해졌다.

그리고 이젠 리듬에 대해 생각할 때다. 내가 중요하게 생각하는 리듬, 실제로도 중요한 리듬. 출산이라는 큰 산 하나를 지나며 나는 다시 와르르 무너진 리듬을 챙겨야 했다. 어른들 말씀 따라 산후조리 삼칠일을 지키고 나서 얼마 동안은 몸을 움직이려고 노력했다. 밤중 수유 때문에 피곤할 때는 쉬었지만 수유 간격을 시작으로 리듬을 챙기려 노력했다. 둘째도 율이처럼 잠을 잘 자는 아이여서 참 고마웠다. 이제 7개월, 한 번의 밤중 수유가 남았다. 율이를 키우면서 지쳤던 나날들, 힘들었던 시간들, 결핵까지 걸렸던 나의 심신. 그땐 어떻게 그렇게 키웠는지 모를 만큼 둘째는 하루하루가 이쁘고 즐겁다. 하나 더 낳을까 싶은 마음까지 든다.

올해는 친정과 시댁에 가는 횟수를 조금 줄였다. 신랑이 워낙 바빠서 자주 시간을 낼 수는 없었지만, 산에도 가고 대공원에도 가고 산책도 즐기고 우리는 방방 뛰어다니는 율이를 데리고 주말 짬을 내 가족 시간을 챙기려 노력했다. 여름방학과 겨울방학에는 가까운 곳에 잠깐이라도 나들이를 가서 즐겼고 많은 사진과 추억을 남겼다.

마지막으로 복직을 생각하게 하는 돈. 돈을 위해 이 겨울엔 뭔가를 할까 한다. 내가 잘할 수 있을 것 같은 일, 잘하는 일, 해보고 안 되면 말고. 잘되면 좋고. 아, 잘됐으면 좋겠다! 셋째까지 낳으면서 쭉 쉬게.

— 고봉성

1년 후의 일기 미리 쓰기

꿈 불러들이기

아무런 제한이 없다면 삶에서 꼭 보고 싶은 명장면은 무엇인가요? 무엇에 도전하고, 무엇을 즐기고, 어떤 관계를 맺고 싶은가요? 어떤 역량을 키우고, 어떤 성취를 거두고, 어디를 여행하고 싶은가요?

무엇이든 가능하다는 전제 하에 자신의 삶에서 만나고 싶은 순간들을 기록해보세요. 하얀 스케치북에 마음껏 그림을 그리듯 휘갈겨 적어보세요. 7분간 손이 가는 대로 적어보세요. 틈틈이 생각나는 대로 추가하면 됩니다.

갖고 싶은 것 (물건, 역량, 기술, 자격 등)	
하고 싶은 것 (도전, 성취, 여행 등)	
되고 싶은 것 (성품, 가치, 사명 등)	

그중에서 1년 안에 이루어졌으면 하는 항목을 3가지 꼽아보세요. 여러 가지 변화 중에서 자신에게 가장 의미 있는 변화는 무엇인가요? 구체적이고 생생하게 적을수록 좋습니다. (예시: 독서치료사 자격증 취득, 출산 전 입던 원피스 입고 뮤지컬 보러 가기)

❶ _____

❷ _____

❸ _____

예상 장애물

그곳에 도달하는 데 예상되는 장애물은 무엇인가요? 만약 실패한다면 무엇 때문일까요? 자꾸 발목 잡혀서 빠지는 함정은 무엇인가요? 최대한 사실적이고 비관적으로 찾아보세요. 환경적 요인, 내적 요인 모두 찾아서 적어보고, 그 함정을 어떻게 뛰어넘을지 극복 방법도 적어보세요.

장애물	극복 방법
예시) 완벽주의	예시) 완성도에 신경 쓰지 말고 정해둔 시간만큼만 한다.

미리 일기 써보기

앞서 소개했듯 1년 동안 일어났으면 하는 일을 이미 일어난 것처럼 생생하고 구체적으로 '일기' 형태로 작성해보세요. 쓰고 나서 주변 사람들에게 읽어주면 감동이 더합니다.

셀프코칭 5단계

지금 시작하는 좋은 습관

나를 바꿔보자

'인생곡선 그리기', '가치 찾기', '생애 마지막 편지 쓰기', '1년 후의 일기 미리 쓰기'를 통해 우리는 과거와 미래로의 시간여행을 막 마쳤다. 충실한 여행이었다면 일상이 달라 보일 것이며, '나는 왜 이렇게 살고 있지?'라는 호기심이 들 것이다. '이렇게'가 아니라면 '어떻게' 살고 싶은가?

나의 일상이, 나의 하루가 어떤 모습이면 좋겠는가? 가장 이상적인 하루의 모습을 그려보자.

몇 시에 일어나 몇 시에 잠들고 싶은가?

아이와는 무엇을 하며 시간을 보내고 싶은가?

아이가 잠든 후 혼자만의 시간은 어떻게 보내고 싶은가?

날마다 반복하고 싶은 좋은 습관은 무엇인가?

오늘 하루가 어떻게 흘러가면 십 년 뒤, 일 년 뒤에 '그때 참 좋았지'라고 회상하게 될까?

남을 바꾸는 것은 불가능하지만 자신을 바꾸는 것은 가능하다. 쉽다는 얘기는 결코 아니다. 자신을 바꾸는 것 역시 하루아침에 되지 않는다. 그동안 굳어진 습관과 생각이 있기 때문이다. 하지만 오늘 하루, 작은 습관을 하나씩 변화시키다 보면 결국 내가 달라지고 삶이 달라진다. 어쩌면 자신의 습관 하나를 바꾸는 것이 우리가 할 수 있는, 해야 하는 유일한 일이 아닐까?

습관은 의지에 기대서는 바뀌지 않는다. 의지는 제한된 에너지다. 의지에 의존하면 실천으로 이어지지 않고, 따라서 자괴감이 든다. 자괴감은 의지를 다시 갉아먹는다. 그러므로 의지보다 더 중요한 것은 습관을 바꾸는 원리를 아는 것이다.

갖고 싶은 습관을 정하라

습관을 바꾸고 싶을 때 알아야 할 첫 번째 원리는 없애고 싶은 습관이 아닌 '갖고 싶은 습관'을 아는 것이다. 사람들은 원치 않는 습관과 싸운다. 다이어트를 할 때 '먹지 말아야지'라는 생각에 몰두하고, 다정한 엄마가 되고 싶어하면서 '소리 지르지 말아야지' 한다. '무의식에 부정은 존재하지 않는다'고 프로이트는 말했다. 소리 지르지 않는 것, 먹지 않는 것 대신 갖고 싶은 습관은 무엇인가? 새로운 습관을 통해서 얻고 싶은 것은 무엇인가? 그것을 알아야 한다.

뉴욕타임스 기자 찰스 두히그는 700여 편의 학술논문과 300여 명의 전문가 인터뷰, 수십여 개 다국적 기업의 비공개 연구 자료들을 파헤친 결과물 《습관의 힘》에서 습관의 원리를 소개한다. 그의 방대한 연구는 자신의 고질적인 습관에서 비롯되었다. 매일 초콜릿 칩을 먹는 습관 때문에 체중이 늘고 아내의 잔소리에 시달려야 했던 그는 습관이 왜 이렇게 강력한지, 습관을 바꾸려면 무엇이 필요한지를 알고 싶어 연구를 시작했다.

그에 따르면 습관적 행동에는 사전신호가 있다. 장소, 시간, 감정 상태, 타인 혹은 행동패턴과 같은 사전신호는 특정 행동을 유발하는 방아쇠 역할을 하며, 보상이 뒤따른다는 특징이 있다. '초콜릿 칩 습관'을 예로 들어보자. 그는 자신의 행동을 며칠간 관찰하다가 매일 오후 3시부터 3시 반 사이에 쿠키의 유혹이 시작된다는 사실을 알아차렸다. 그 시간이 되면 자리에서 일어나 엘리베이터를 타고 카페에 가서 쿠키를 사먹고 그 곳에 있는 동료들과 수다를 떨고 자리로 돌아왔던 것이다. 그가 쿠키를 먹는 이유가 무엇일까? 쿠키를 먹음으로써 얻는 보상은 무엇이었을까?

보상을 찾아내기 위해 그는 며칠간 실험을 했다. 쿠키를 먹는 대신 다른 행동을 해본 것이다. 같은 시간에 자리에서 일어나 산책을 하고 돌아오거나, 쿠키 대신 초콜릿을 먹거나, 아무것도 안 먹고 친구와 수다를 떨고 오는 식이었다. 그 결과 그의 '초콜릿 칩 습관'은 쿠키와 상관이 없다는 걸 알게 되었다. 그가 원했던 것은 동료와의 수다였다. 그래서 이제 그는 오후 3시가 되면 자리에서 일어나 사무실을 둘러본 뒤 말을 걸 동료가 보이면 십 분 정도 수다를 떨다가 자리로 돌아온다. 습관은 완벽히 대체되었다. 나쁜 습관이 지속되는 이유는 내게 기여하는 바가 있어서다. 그 습관이 해결해주던 것을 다른 방식으로 채워주지 않으면 그 습관은 바뀌지 않는다.

없애고 싶은 습관은 무엇인가?

그 습관을 통해 얻는 것은 무엇인가?

그 보상을 채워줄 다른 습관은 무엇인가?

나의 경우, 새벽에 일어나려고 취침 시간을 앞당겼을 때 가장 아쉬웠던 것은 밤에 아이를 재워놓고 스마트폰을 보는 재미를 잃는다는 것이었다. 그 시간은 나에게 여유였다. 일찍 잔다는 것은 여유를 포기한다는 것과 같은 말이었다. 그 여유를 채워줄 다른 방법이 필요했다. 그래서 대안으로 주말이면 가족들과 공원으로 나들이를 가거나 영화를 보았고, 점심 식사만큼은 혼자 하든 같이 하든 한 시간 이상 여유롭게 즐겼다. 그랬더니 이제는 밤에 아이와 함께 자는 것에 대해서 별다른 저항감이 없다. 다른 데서 여유를 찾은 덕이다.

당신은 어떤 나쁜 습관이 있는가? 야식으로 자신을 위로해주고 있다면, 그 대신 좋아하는 음악을 듣거나 욕조에 몸을 담가보라. 인터넷 쇼핑으로 스트레스를 해소하고 있다면, 그럴 시간에 친구와 수다를 떨거나 마사지를 받아보는 건 어떨까? 남편과의 갈등 때문에 힘들어 밤마다 술을 마시는 습관이 있다면, 힘든 마음을 상담사나 일기에 털어놓으면 어떨까?

나쁜 습관과 싸우지 말라. 좋은 습관으로 대체하라.

변화를 지지하고 응원해줄 사람들과 함께하라

습관을 바꾸는 데 유익한 두 번째 원리는 '함께하기'다. 1994년 하버드대학교에서 삶의 방식을 변화시킨 사람들을 연구한 결과, 그들을 바꾼 것은 이혼이나 질병과 같은 극적인 사건이 아니었다. 비극을 겪지 않고도 완전히 달라진 사람들이 훨씬 많았는데, '변화를 쉽게 도모할 수 있는 사회집단' 덕분이었다.

변화를 하려면 '변할 수 있다'는 믿음과 '잘하고 있다'는 지지가 필요한데, 그 역할을 해주는 사회집단이 있을 때 변화는 이루어진다. 나는 그 효과를 그룹 코칭에서 톡톡히 본다. 변화의 여정에서 누구나 '정체기'를 맞는데, 그 시기에는 마치 원점으로 돌아간 것 같고 부질없는 짓이라는 착각에 속기 쉽다. 이럴 때 같은 그룹 멤버들이 열심히 하는 모습을 보며 자극을 받거나, 고민에 대한 힌트를 얻거나, 다른 사람들의 성공담을 들고 희망을 얻기도 한다.

숭례문학당은 책을 좋아하는 몇 명이 모여서 독서 토론을 하다가 책 읽기와 글쓰기, 걷기, 달리기, 요가, 영화 보기 같은 활동까지 함께 하는 독서 공동체로 발전했다. 학당의 시작부터 지금까지 거의 모든 활동을 이끌어온 김민영 이사는 "읽는 책이 쌓인다고 삶이 바뀌지 않는다. 몸은 게을러지고 걱정만 많아진다"며 골방독서를 경계한다. 책을 통한 간접경험보다 사람 사이에서 부딪히고 배우는 직접경험이 실천을 이끌고 변화로 이어진다. 그래서 그는 '나도 너도 우리 모두 보고 배우고 경험해서 다른 존재로 거듭나는 공동체의 가치'를 강조한다.

이렇듯 변화를 원한다면 변화의 여정을 함께할 사람을 옆에 두어야 한다.

자신의 행동을 기록하라

습관을 바꾸는 데 유익한 세 번째 원리는 '기록'이다. KBS에서 방영된 다큐멘터리 〈습관〉에는 주변을 어지르고, 밥 대신 과자를 먹고, 지각하고 구토하는 문제습관을 가진 지원자 여섯 명이 등장한다. 이들에게 습관 개혁 3단계가 제시되는데 1단계는 자기행동 계약서를 가족과 친구에게 공유하기이고, 2단계는 자기기록, 3단계는 행동의 고리를 끊는 자기조절이다. 이 중에서 자기기록이 꽤 중요하게 다뤄지는데, 자기기록을 통해서 자신의 행동을 관찰하고 습관적 행동을 일으키는 단서를 파악할 수 있기 때문이다. 지원자 중에서 구토가 습관인 신미경 씨는 자기기록을 통해 폭식의 원인이 혼자 먹기 때문이라는 것을 알게 되었고, 가까이 사는 친구와 함께 먹기 시작하면서 구토하는 횟수가 확연히 줄었다.

자기기록은 자신에 대한 전문가가 되도록 만들어준다. 자신이 무엇을 보고 느끼고 생각하는지, 어떤 자극에 민감하게 반응하는지, 자신에게 효과적인 방법은 무엇인지를 스스로 찾게 해준다. 잘했을 때만 기록하는 게 아니다. 다짐한 바를 실천하지 못했을 때 기록은 더 빛을 발한다. 무엇이 마음을 어지럽혔는지, 왜 못 했는지를 시시콜콜 기록하라. 기록을 통해 자신이 어떤 장애물에 자주 넘어지는지를 반복해서 확인하다 보면 그 장애물을 맞닥뜨렸을 때 자연스럽게 넘어갈 힘이 생긴다.

이제 다 왔다. 남은 것은 실행이다.

매일같이 하느님께 로또에 당첨되게 해달라고 빌었던 남자에게 꿈속에 하느님이 나타나 "제발 로또를 사라"고 화를 냈다는 우스갯소리처럼, 원하는 것을 아는 것으로는 부족하다. 손과 발을 움직여야 한다.

십 년 전 세계를 강타한 《시크릿》의 영향으로 '절실함만 있으면 뭐든 이루어진다'고 믿고 드림보드를 만들어 심상화에 빠졌던 이들이 한둘이던가? 원하는 것이 이루어지지 않는 것은 절실함과 믿음이 부족하기 때문이 아니다. 마음속에 정한 뜻을 행동으로 옮기지 않아서다. 독서 습관을 갖고 싶다면 서점에 가서 책을 구입해야 한다. 1쪽이든 10쪽이든 매일 읽으면 된다. 체력을 키우고 싶다면 가까운 헬스클럽에 등록을 하든지, 집 앞에서 뜀뛰기라도 해야 한다.

완벽한 계획이 있어야 움직일 수 있다고 생각하는가? 계획은 결코 완벽할 수 없다. 현재 할 수 있는 만큼, 보이는 만큼 가보자. 걷지 않으면 아무 곳에도 이를 수 없다. 의도와 행동 사이의 거리를 좁히는 방법은 원래의 선한 의도를 기억하고 '기꺼이' 해보는 것뿐이다.

셀프코칭 5단계를 마쳤다. 이 방법은 엄마들과의 워크숍에서 적용해보면서 유용했던 것들을 간추린 것이다. 이 방식 덕분에 내 삶은 해가 다르게 성장했고 점차 나에게 맞는 방식으로 진화했다.

당신도 삶의 변화를 꿈꾸는가? 그렇다면 당장 시작하자. 하루에 한 시간씩 2주면 충분하다, 빛나는 1년을 설계하는 데는.

습관을 바꾸는 기술

습관을 만드는 것은 우리 자신이지만, 이미 만들어진 습관이 우리를 만들기도 합니다. 좋은 습관을 지니면 삶의 질이 높아지고, 아이들에게 좋은 모범이 되지요. 앞으로 한 달간 만들고 싶은 습관 한 가지를 선택해보세요. 여러 개를 적어보고 한 가지를 고르셔도 됩니다.

갖고 싶은 습관

습관 바꾸기는 혼자 하는 것보다 함께하면 더 쉽습니다. 좋은 습관을 형성하는 데 도움을 줄 사람이나 그룹을 적어보세요.

도움 줄 사람들

새로운 행동을 21일 반복하면 습관이 된다고 하지요. 21일간의 실천을 스마트폰 캘린더에 매일 기록해보세요. 매일 실천하지 못했다면 다시 처음으로 돌아가 1일부터 다시 기록해야 합니다. 21일까지 완료했다면 이제 그 습관은 당신 거예요.

CHAPTER 5

하루 한 시간이 만들어낸
그녀들의 변화

소액으로 누리는
작은 사치

나는 언제 행복을 느낄까

네 아이의 엄마 선영 씨는 매달 한 번씩 손톱 손질을 받는다. 일과 육아
의 틈바구니에서 빼놓지 않고 하는 손톱 손질은 그녀를 재충전해주는 의
식과도 같다.

둘째를 출산하고 휴직 중인 봉성 씨는 가끔 목욕탕에 가서 때밀이 서
비스를 받는다. 예전에는 그 돈이 아까웠는데 이만 원 정도를 투자해 피
로가 풀리는 경험을 한 후로는 기꺼이 그 돈을 쓴다.

워킹맘 신희 씨는 회사에서 녹초가 된 날은 퇴근하는 길에 주점에 들
러 막걸리를 한 병 비운다. 시간이 금인 그녀에게 막걸리 한 병을 비우는
일은 집에 가도 쉴 수 없음을 뻔히 아는 그녀가 소진된 자신을 신속하게

채우는 비법이자 시간의 사치를 부릴 수 있는 최고의 방법이다.

이런 게 지혜다. 자신을 행복하게 하는 것이 무엇인지를 알고 그것에 투자하기, 일과 육아의 저글링을 해나갈 에너지를 스스로 충전하기.

누구나 행복을 원한다. 그래서 '어떻게 하면 행복해질까?'라는 질문을 던지고 최선을 다해 행복을 추구한다. 그러나 '행복한가?'라는 질문에 자신있게 대답하는 사람은 많지 않다. 일, 관계, 의무와 역할에 치이다 보면 어느새 행복은 사라지고 행복해지기 위한 노고만 남는다. 2017년 2월 OECD가 발표한 행복지수에서 우리나라는 32개국 중 31위라는 낮은 순위에 이름을 올렸다. 1인당 국민소득이 고작 3천 달러인 부탄은 국민의 97%가 행복하다고 느끼는데, 1인당 국민소득이 2만 달러 이상인 한국의 국민들은 왜 행복하지 않은 걸까?

연세대 심리학과 서은국 교수는 《행복의 기원》에서 물질적 풍요에도 불구하고 한국인이 행복하지 않은 이유로 '과도한 물질주의'와 '집단주의'를 꼽는다. 2011년 한국갤럽과 조선일보의 대규모 설문에 따르면 우리나라는 열 명 중 아홉 명 이상이 행복이 돈과 관계가 있다고 답변했다. 미국과 호주는 열 명 중 여덟 명, 핀란드는 열 명 중 일곱 명, 덴마크는 열 명 중 다섯 명이었던 것에 비하면 큰 수치다.

실제로 우리나라 사람들은 '돈이 많을수록 행복하다'는 믿음이 강하고, 그것이 집단주의와 절묘하게 맞물려 남들 눈에 행복해 보이는 물질적

외형을 추구하느라 정작 스스로 행복을 느낄 기회를 놓치고 있다. 서은국 교수는 "행복은 세상에 나를 증명하는 자격증이 아니다. 어떤 잣대를 가지고 옳고 그름을 판단할 필요도 없고, 누구와 비교해 우위를 매길 수도 없는 지극히 사적인 경험이 행복이다"라며 "돈이 없어서 불행한 게 아니라 '돈이 있어야 행복하다'는 믿음 때문에 불행하다"고 지적한다.

행복은 일시적이고 주관적이고 감각적인 감정이다. 김이 나는 호빵, 커튼 사이로 들어오는 햇살, 귓가에 박히는 노래 한 소절, 일을 마치고 누워서 보는 TV 드라마, 침대에서 새우깡을 먹으며 뒹굴거리며 읽는 만화, 공원 잔디밭에 누워 올려다보는 파란 하늘, 바싹 마른 빨래, 갓 지은 밥과 정성을 담은 김치찌개, 손때 묻은 가방을 메고 친구 만나러 가는 길, 오랜만에 걸려온 친구의 전화, 일을 마치고 동료들과 마시는 시원한 맥주 한 잔… 그 속에 행복이 있다. 보기 좋아야 할 이유도 없고, 긴 노력이 필요한 것도 아니다.

행복은 생각보다 다양한 모양새를 띠고 있다. 긍정심리학자 마틴 셀리그먼은 행복한 삶의 요소를 세 가지로 제시한다. 첫 번째가 '즐거운 삶'이다. 맛있는 것을 먹고, 좋아하는 사람을 만나고, 수다를 떨고, 마음에 드는 옷을 살 때 느끼는 즉각적이고 직접적이고 쾌락적인 순간을 말한다. 두 번째는 '몰입하는 삶'이다. 취미생활이나 일에 시간 가는 줄 모르고 고도로 집중하는 때를 뜻한다. 세 번째는 '의미 있는 삶'이다. 자신의 강점을 활용해 자신보다 더 큰 무엇인가에 봉사하고 기여하는 삶을 말한다. 즐거움보다 몰입이, 몰입보다 의미가 삶의 만족도에 미치는 영향은 더 크지만 세 가지 중 하나라도 빠지면 공허함을 느끼는 것으로 나타났다. 즉 세 가지가 공존할 때 삶에서 충만함을 느낀다.

'어떻게 하면 행복해질 수 있을까?'라는 질문보다 더 좋은 질문은 '나는 언제 행복을 느낄까?'이다. 누구든 이미 행복을 경험했다. 스치듯 지나가서, 혹은 다양한 경험에 가려져 기억이 가물가물할 수는 있지만 분명 경험을 했다. 그때의 경험을 기억에서 끄집어내 더 자주 경험하면 된다. 잘 모르겠다 해도 괜찮다. 앞으로 탐구하고 실험을 하면서 찾아가면 된다. 행복에도 연습이 필요하다.

삼만 원으로 느끼는 행복감

《꾸뻬 씨의 행복 여행》은 주인공이 행복을 찾아 떠나는 여정을 담았다. 주인공 헥터는 안정된 직장, 좋은 집과 사무실, 마음 따뜻한 애인이 있는 정신과 의사다. 남들 보기에 충분히 성공했으니 행복해야 마땅하다. 하지만 날마다 불행하다고 외치는 환자들을 돕다 보니 점점 지쳐간다.

어느 날 그는 행복에 대해 알아야겠다고 생각하고 행복을 찾아 여행을 떠난다. 상하이, 티베트, 남아공, LA로 여행을 하고 돌아온 그의 노트엔 행복에 대한 깨달음이 가득하다. '남과 비교하면 행복한 기분을 망친다', '사람들은 돈이나 지위를 갖는 게 행복이라고 생각한다', '사람들은 행복이 미래에 있다고 생각한다', '불행을 피하는 게 행복의 길은 아니다', '행복은 있는 그대로 사랑받는 것이다', '행복이란 온전히 살아 있음을 느끼는 것이다', '행복은 좋은 일을 축하할 줄 아는 것이다', '사랑은 귀 기울여 들어주는 것이다'… 여느 에세이에나 나올 법한 평범한 말들이지만 경험을 통해 깨달은 것을 자신의 언어로 정제해 기록했기에 그에겐 특별한 의미를 지닌다.

정신과 의사니 사람의 마음에 대한 지식이 얼마나 많았겠으며, 행복해지는 방법도 얼마나 잘 알고 있었겠는가? 그러나 지식이 많은 것과 실제 행복한 것은 별 상관이 없다. 심리학 교수라고 해서 다 행복하지 않고, 심리상담사라고 우울증에서 자유롭지 않다. 그러니 누구든 자기만의 행복 여행을 떠날 필요가 있다. 자신에게 잘 맞는 행복의 옷은 무엇인지, 그 옷을 더 자주 입으려면 무엇이 필요한지를 탐구하는 것이다.

행복 연습은 '나를 위한 작은 사치'부터 시작하면 된다. 상처받은 아티스트들을 위한 창조성 회복 전문가인 줄리아 카메론은 《아티스트 웨이》에서 '작은 사치'를 권하며 이렇게 말한다.

"우리는 자신을 너무 억제하면서 매사에 '돈이 없기 때문'이라고 변명한다. 그러나 돈이 없다는 것은 변명이 되지 않는다. 진짜 걸림돌은 움츠러든 기분이며 힘없는 감각이다."

우리는 돈이 없어서가 아니라 자신의 행복을 챙기지 않아서 행복을 느끼지 못하는 것이다. 이제는 나를 위한 작은 사치를 부려보자. 아이의 물건을 사느라, 생활비 아끼느라 사고 싶어도 사지 못했던 물건을 구입하자. 하늘거리는 치마, 계절에 어울리는 립스틱, 좋아하는 가수의 CD… 뭐든 좋다. 삼만 원 정도의 소비면 가벼운 행복감을 느낄 수 있다. 오랫동안 돌보지 않아 푸석해진 머리 스타일을 다듬어보자. 오일 마사지를 예약하거나 출산 전에 갔던 근사한 레스토랑에 남편과 함께 가보자. 혹은 대형 극장에서 뮤지컬을 감상하자. 십만 원 내외의 지출로 잊었던 호화로움을 느낄 수 있을 것이다.

'엄마(주양육자)가 행복해야 아이가 행복하다'는 말들을 한다. 이 말은 아이의 행복까지 엄마의 책임이라는 뜻이 아니다. 행복하지 않은데 행복한 체 하라는 뜻도 아니다. 아이의 행복을 위해 자신의 행복을 희생하지 말라는 뜻이다. 행복은 쉽게 전염된다. 엄마가 행복하면 아이도 행복감을 느끼기 쉽다. 아이를 위해 일부러 행복을 추구하지 않아도 된다. 또 자신의 행복을 가꿀 줄 아는 엄마는 아이의 행복을 관대하게 허락해줄 수 있다. 아이가 느끼는 즐거움과 기쁨, 몰입의 가치를 알아보는 눈이 생긴다. 헥터의 행복 여행 끝에 만난 티베트 선사의 말처럼 '우리에겐 행복할 권리와 의무가 있다'.

나를 위한 소확행

평소에는 하지 못했던 나만을 위한 작은 사치를 누려보세요. 애쓰고 수고하는 우리, 행복을 누릴 자격이 있으니까요! 1만 원, 3만 원, 10만 원으로 소소하지만 확실한 행복을 누릴 수 있습니다. 하고 싶은 일들을 아래 빈칸에 써넣고, 이번 주에 당장 하나라도 해보면 어떨까요?

[1만 원이 주는 소소한 기쁨]

예시) 매콤한 떡볶이, 딸기 한 팩, 맥주 한 잔, 커피와 디저트 세트 먹기, 계절에 맞는 립스틱 사기, 피곤할 때 택시 타기

[3만 원 이내의 작은 사치]

예시) 젤네일, 목욕탕에서 때밀이 서비스 받기, 친구와 브런치 먹기, 향수나 액세서리, 생화 한 다발 사기

[10만 원으로 사는 호화로움]

예시) 헤어스타일 바꾸기, 고급 뷔페 가기, 공연 관람, 전신 마사지 받기

좋은 사람과
함께 밥 먹기

나를 알아주고 공감해주는 사람들

세민 씨는 아이가 8개월이 될 때까지 집에서 애만 보며 살았다. 모유 수유에 대한 집념으로 피가 나도 백 일 넘어서까지 울면서 젖을 물렸고, 아이의 피부에 좋다고 해서 천기저귀를 쓰느라 외출은 엄두도 못 냈다. 직장생활은 노력에 비해 만족감이 적었기에 그때의 억울함과 실패감을 만회하려고 출산과 육아를 맹렬히 공부하고, 아이에게 좋다는 것이라면 고생스러워도 감수했다. 그러나 그녀의 속사정을 알아주는 사람이 없었다. 소신껏 노력하는데 주변에선 '유난스럽다'고 핀잔을 주었다. 세민 씨는 차츰 사람들과의 만남도 대화도 피하게 되었다.

그녀의 유일한 소통 창구는 인터넷 카페였다. 육아 정보가 가득한 인터넷 카페에 부지런히 들락거리면서 초보 엄마로서의 지식을 쌓아갔다.

그러다가 우연히 발도르프 교육 스터디 모임을 알게 되었다. 일주일에 한 번 발도르프 교사와 선배 엄마들과 만나는 시간은 그녀에게 '엄마가 자신의 인생을 잘 이끌어가는 것이 무엇보다 좋은 육아'라는 사실을 깨닫게 해주었다. 그 뒤로 세민 씨는 아이에게 좋은 걸 해줘야 한다는 조급함이 많이 줄어들었다. 남편에 대한 화도 사그라들었다. 남편이 회식 때문에 늦는다고 전화를 하면 "지금 장난해?"라며 남편을 몰아세웠는데, 이젠 관대하게 받아들인다. 걸레질 한번 하지 않던 그녀가 살림에도 손을 대기 시작해 매끼마다 요리를 했다. 잘해야 한다는 생각보다 재미있게 하자는 생각으로 아이와 함께 요리를 했더니 식사 준비도 그리 어렵지 않았다. 신기한 일이었다. 책에서 봤던 내용인데 선배 엄마들한테 들으니 훨씬 내용이 편안하게 다가왔다.

그런데 겨울이 되면서 모임이 중단되었다. 엎친 데 덮친 격으로 친정엄마가 멀리 이사를 가셨고, 남편이 급작스레 해외지사로 파견을 떠났다. 외로워진 그녀를 붙잡아준 것은 때마침 시작된 '청양띠 아이 엄마들 모임'이었다. 모임의 엄마들은 육아관이 비슷했고, 대화가 잘 통했다. 밤마다 채팅창이 열렸고, 대화가 고팠던 세민 씨에게 그 대화창은 가뭄에 단비 같았다. 모임은 오프라인으로도 이어졌다. 이미 온라인으로 대화를 나눴던 사이이기에 만나도 거리낌이 없었다. 낯선 사람에 대한 경계심이 강해서 누가 아이를 보며 예쁘다고 하면 뒷걸음치던 세민 씨지만 그 모임에서는 누구와도 잘 통했다.

모임 안에서 소모임도 생겨났다. 수채화, 우쿨렐레, 영어 공부 모임이 꾸려졌고, 서울 곳곳의 공원이나 한 엄마의 집에서 수시로 번개 모임이 진행되었다. 그 모임엔 육아 선배라는 이유로 가르치려 드는 사람이 없었고, 말을 끊으며 "나도 해봐서 다 알아", "그건 아무것도 아니야. 앞으로 더해"라며 자기 얘기를 늘어놓는 사람도 없었다. 먼저 공감해주고 함께 해결책을 찾아봐주는, 한마디로 동지들이었다.

나를 행복하게 해줄 관계 만들기

세민 씨는 생각이 통하는 엄마들과 만나면서 한껏 행복해졌다. 아이들끼리 노는 동안 한숨 돌릴 수 있었고, 친구를 얻었고, 혼자가 아니라는 걸 알게 되었고, 독박육아를 버틸 힘을 얻었다. 아이도 세민 씨도 경계심이 줄었고, 흐릿하던 육아관이 안전한 관계 안에서 더 분명해졌다. 세민 씨는 육아서를 읽은 것도 아니고, 육아법 수업을 들은 것도 아니고, 전문가를 만나서 컨설팅을 받은 적도 없지만 육아 방식은 점차 성숙해졌고 자기 중심을 찾게 되었다. 육아관이 비슷한 엄마들과의 수평적이고 자발적이면서 끈끈한 관계가 만들어낸 결과였다.

여기에 행복의 비밀 한 가지가 숨어 있다. 행복심리학자 서은국 교수는 지난 삼십 년간 해온 행복 연구의 결론을 이렇게 내렸다.

"행복의 핵심을 한 장의 사진에 담는다면 어떤 모습일까? 그것은 좋아하는 사람과 함께 음식을 먹는 장면이다."

문명에 묻혀 살지만 우리의 원시적인 뇌가 여전히 가장 흥분하며 즐거워하는 것은 바로 음식과 사람, 이 두 가지다. 이 장면이 가득한 삶은 행복한 삶이라 하겠다. 좋아하는 사람끼리 같은 시공간에서 먹을거리를 함께한다면 그것 자체로 행복이다.

그렇다면 어떤 사람을 만나야 할까? 행복해지기 위한 만남이니 아무나 만날 수 없다. 우선, 다음과 같은 사람은 경계하는 것이 좋다.

❶ **뒷담화가 일상인 사람:** 입만 열면 남편 흉에 시댁 흉에, 가는 곳마다 불평과 불만을 달고 다니는 사람은 거리를 두는 것이 좋다. 헤쳐 나갈 노력은 안 하면서 습관적으로 불평하는 사람과 함께 있으면 긍정의 에너지를 빼앗긴다.

❷ **비교와 경쟁을 부추기는 사람:** 얘기를 나누다 보면 자신이 초라해지고 내 형편이나 가족이 볼품없어지는 사이라면 멀리하는 것이 좋다. 비교는 불행의 지름길이고, 한번 비교하기 시작하면 그 생각을 떨쳐내기 어렵다. 질투와 비교의식을 부추기는 사람이나 자극은 멀리하는 것이 현명하다.

❸ **소비 지향적인 사람:** "뭘 써봤더니 좋더라", "이걸 살까 저걸 살까 고민이다"라는 얘기가 중심이 되는 만남은 괜한 소비욕구를 자극한다. 출산과 육아는 결혼식 이후 최대의 소비 기간이다. 안 그래도 하루 종일 광고와 마케팅에 속절없이 노출되는데 공연한 자극을 더할 필요가 있을까.

행복한 관계를 만들기 위해 꼭 외향적인 사람이어야 할 필요는 없다. 내향적이고 소심한 사람도 얼마든지 좋은 친구를 사귈 수 있고 좋은 친구가 될 수 있다. 외향적인 사람들과 다른 점이 있다면 다수가 아닌 소수의 관계에서 깊은 대화하기를 선호하고, 혼자만의 시간과 사람들과 함께하는 시간 사이에 균형이 필요하고, 마음을 여는 데 시간이 좀 걸린다는 것뿐이다. 하지만 일단 친해지고 나면 관계를 지속하는 힘이 강해진다.

마음이 통해 무슨 얘기든 할 수 있고, 나의 결점까지도 이해해주는 친구가 한 명이라도 있다면 당신은 행복한 사람이다. 여러 명이라면 인생을 잘산 것이다. 그런 친구가 없다면 이제 만들어보자. 예전 친구들에게 소식을 묻고, 최근에 알게 된 엄마들 중에서 호감이 가는 사람에게 차 한 잔 하자고 청하자. SNS에서 만나는 사람 중에서 마음에 끌리는 사람에겐 직접 말을 걸어보자. 인터넷 카페 오프라인 모임에도 나가보자. 그렇게 서서히 나와 공명하는 친구를 찾아나가면 된다.

행복한 관계는 계산하지 않고 기대하지 않는다. 자신에게 넉넉한 것은 나누고 어려운 일이 있으면 서로에게 고백한다. 친구가 곤경에 처했을 때 도움을 주고, 친구가 좋은 일이 생겼을 때 내 일처럼 축하해준다. 그런 사람, 꼭 곁에 두길 바란다.

좋은 관계 가꾸기

현재 만나는 사람들을 떠올려보고, 앞으로 관계를 더욱 발전시키고 싶은 개인이나 모임이 있다면 적어보세요. 떠오르는 사람이 없다면, 어떤 친구를 만나고 싶은지 적어보세요.

관계는 저절로 발전하지 않아요. 친밀한 관계를 만들기 위해서 어떤 노력을 기울일 건가요?

[예시] 정기적으로 안부 전화하기, 함께 소풍 가기, 기념일 축하해주기, 작은 선물로 감사 표현하기, 어려울 때 도움 주기, 음식 나눠 먹기, 아플 때 죽 사다주기, 고민 털어놓기, 경청하기 등

마음이 원하는
취미 즐기기

취미는 삶의 고단함을 잊게 한다

아인 씨는 둘째가 어린이집에 가면서 여유 시간이 생겨 재봉을 배우기 시작했다. 육 년 만에 시작한 취미생활이었다. 첫째 아이 때는 잠시지만 우울증도 겪었을 만큼 힘들었다. 둘째 때는 자기만의 시간을 갖기가 더 어려웠지만 완벽히 키우려는 마음에서 비교적 자유로워졌고, 오전에 시간이 생기면서 '내가 좋아하는 게 뭔지 찾아보자'는 생각에 공방에 나가기 시작한 것이다. 그렇게 시작한 재봉으로 아인 씨는 온전히 자기만의 시간을 보낼 수 있었고, 직접 만든 옷을 아이에게 입혀보는 재미, 옷의 디자인을 구상하는 재미, 주변의 소중한 사람들에게 선물하는 재미에 푹 빠져 행복한 날들을 보내고 있다.

현서 씨는 지역 내에서 뜻이 맞는 엄마들과 함께 일주일에 두 번 품앗이 육아를 한다. 그러다가 우쿨렐레에 도전하게 되었다. 처음엔 아기들에게 동요를 신나게 불러주자는 뜻으로 강사를 초빙해 수업을 했는데, 시에서 지원금을 받게 되어 규모가 커졌다. 1박 2일 아빠들과의 워크숍도 다녀오고, 연말에 우쿨렐레 콘서트도 했다. 기어다니고, 때때로 악기를 빼앗으려는 아기들 틈바구니에서 우쿨렐레를 배우는 게 쉽진 않았지만, 곡을 익히는 데서 오는 성취감과 연주를 하면서 느끼는 행복감이 좋았다.

미정 씨에게 식물은 오래 전부터 관심의 대상이었다. 결혼하고 나서 제일 먼저 한 일이 집에서 채소를 기르는 일이었다. 관상용 화초와 함께 베란다에서 작게 키웠지만 미정 씨는 즐겁게 식물들을 보살폈다. 매번 잘되지는 않았다. 베란다 텃밭의 한계 때문에 좋아하는 난이 하늘나라에 갔을 땐 참 서글펐다. 세 살 된 딸아이가 베란다 화분에 물 주는 흉내를 내느라 여기저기 흩뿌려놓은 흙을 치우고 정리하는 것도 번거로웠다. 그런데도 봄만 되면 '다시 해볼까'라는 생각이 몸을 들쑤셨다. 이유가 없었다. 그냥 좋았다.

결국 그녀는 텃밭을 계약했다. 주변 엄마들이 한번 해보라며 부추긴 것이다. 엄두를 못 냈던 일인데 주변에서 긍정적으로 얘기하니 어느새 인터넷으로 텃밭을 알아보고 일사천리로 계약을 하게 되었다. 신중한 그녀에겐 꽤나 도발적인 행동이었지만, 텃밭을 계약한 뒤로 설레서 잠이 안

왔다. 텃밭을 가꿀 시간을 위해 아이의 문화센터 수업을 취소해야 했지만, 아이에게도 텃밭이 좋은 경험이 될 것이라는 생각이 들었다. 막상 일을 벌이자 시골에서 농사짓는 친한 언니도 생각나 연락하게 되고, 텃밭 관련 책들도 연달아 읽었다. 무엇을 심을까, 어떤 모양새가 될까 상상이 이어졌다.

우연히 시작한 텃밭은 미정 씨에게 큰 활력소가 되었다. 아이가 여기 저기 헤집고 다니는 바람에 텃밭 일이 힘들 때도 많았지만, 그 정도는 괜찮았다. 그보다 훨씬 큰 기쁨이 있었기 때문이다. 차를 타고 나가 흙을 만지고 씨앗을 심고 그 씨앗이 싹을 내밀 때까지 기다리고 그 씨앗의 성장을 보살피는 일이 무척 즐거웠고, 고작 다섯 평의 땅에 서른 가지 가까운 씨앗을 심고 열매가 열리면 직접 따서 요리해 먹는 맛이 좋았고, 또 이웃과 나누는 맛이 좋았다. 아끼는 사람들을 텃밭으로 초대해 함께 호미질을 하고 텃밭에 대해 얘기 나누고 고기 구워 먹는 맛도 좋았다. 책을 보고 농사에 대해 배우고 실험해보고 조금씩 자연의 이치를 깨달아가는 맛도 좋았다.

텃밭을 시작한 지 이 년째 되는 해엔 열여덟 평으로 규모가 늘어났고 유기농 재배, 비닐 멀칭 안 하기, 퇴비 덜 쓰기라는 자기만의 원칙도 생겼다. 비슷하게만 보이던 달팽이, 배추흰나비, 비단노린재, 무잎벌레, 왕무당벌레붙이도 구분할 수 있게 되었다.

삼 년째에는 가을·겨울 밭일도 도전해보고, 수고스럽겠지만 퇴비도 직접 만들 생각이다. 아이가 더 크면 공동체로 농사를 지어보고도 싶다. 귀농도 귀촌도 아닌 도시에서의 생활농부, 그것이 도시에서 살면서 찾아낸 그녀만의 즐거움이고 기꺼운 노동이며 지구를 위한 티끌 같은 행동이자 다짐이다.

그 순간 즐기는 것으로 족하다

취미의 사전적 의미는 '재미로 즐겨 하는 일'이다. 결과물을 낼 필요가 없고, 잘할 필요가 없고, 시간이 안 나면 멈춰도 되지만 하고 있으면 시간 가는 줄 모르고, 하고 나면 에너지가 충전되는 활동이다. 홍승완과 박승오는 《위대한 멈춤》에서 세 가지 수준의 취미를 얘기했다.

"가장 원초적인 취미는 '일과 일 사이의 쉼'을 위한 취미다. 다시 일하기 위해서 몸과 정신을 회복하는 활동이다. 다음 수준의 취미는 '여가를 즐기기 위한' 활동이다. 일을 떠나 삶의 다른 부분을 즐기는 시간이다. 최상의 취미는 '삶을 새롭게 고양시키는' 취미다. 일상을 한층 높은 차원으로 끌어올리는 동시에 '살아 있음'을 체험하도록 돕는다."

미정 씨에게 텃밭 가꾸기는 취미의 첫 번째 수준에서 시작해서 세 번째 수준으로 나아가고 있다. 베란다 텃밭에선 휴식을 얻었고, 다섯 평짜리 텃밭에선 즐거움을 얻었고, 지금은 즐기는 차원을 넘어 자연과 공동체라는 두 가지 요소가 그녀의 삶에 깊숙이 자리잡았다. 삼 년간의 텃밭 활동으로 그녀의 삶은 깊어졌고 넓어졌다.

일 중심으로 살아온 나에게 취미는 늘 뒷전이었고 사치였다. 일에 도움되는 것만 하기에도 바빴다. 힘들면 쉬느라 취미를 갖지 못했다. 그러다가 하나의 취미가 생겼다. '즉흥 연극'이 그것이다. 예전부터 연기에 관심이 있었는데, 즉흥 연극은 정해진 대본도 역할도 없이 관객의 얘기를 즉석에서 재연하는 것이라 더욱 흥미가 갔다. 무대에 서는 것을 별로 즐기지 않지만, 이 수업에서만큼은 내내 웃고 즐기다 온다. 내 안에서 생동하는 감각을 포착해 펼쳐 보이고, 다른 배우의 즉흥적인 반응에 나 또한 즉흥적으로 호흡을 맞추는 게 흥미롭다. 처음 보는 관객 앞에서 공연을 해도 하나도 떨리지 않는다. 실패해도 되니까. 그저 즐기면 되니까.

취미는 그래서 좋다. 망해도 된다. 아무런 결과가 없어도 좋다. 발전하지 않아도 된다. 보여주지 않아도 된다. 그 순간 즐기면 그것으로 족하다. 현대를 사는 우리는 생각이 너무 많다. 오죽하면 멍 때리기 대회가 생겼을까. 몸이 쉬어도 머리가 쉬질 않으면 진정한 휴식을 취할 수가 없다. 의식을 집중하고 생각 없이 푹 빠지면 머리에 여백이 생기고 생활에도 여유가 생긴다. 그래서 엄마들에겐 취미가 필요하다. 생각 없이 매달릴 즐거운 활동, 당신에겐 무엇이 그러한가?

끌리는 취미 고르기

취미는 순전히 호기심과 즐거움을 따르는 행위입니다. 그럴싸해 보이고, 경력으로 연결시킬 수 있는 활동보다 내적으로 끌리는지 아닌지가 중요하지요. 다음 빈칸을 채워보세요. 깊이 생각하지 말고, 떠오르는 답을 바로바로 적어보세요.

1. 어릴 적에 즐겨 했던 놀이는 ＿＿＿＿＿＿＿ 이다.

2. 어릴 적에 좋아했던 장난감은 ＿＿＿＿＿＿＿ 였다.

3. 어릴 적에 나는 ＿＿＿＿＿＿＿ 에 관심이 많았다.

4. 사정상 계속 하지 못했던 취미는 ＿＿＿＿＿＿＿ 이다.

5. 돈에 여유가 있다면 나는 ＿＿＿＿＿＿＿ 를 해보고 싶다.

6. 시간 가는 줄 모르고 몰입했던 것은 ＿＿＿＿＿＿＿ 이다.

7. 가장 기운이 나는 활동은 ＿＿＿＿＿＿＿ 이다.

8. 내가 가장 좋아하는 악기는 ＿＿＿＿＿＿＿ 이다.

9. 다른 사람의 취미 중 부러웠던 것은 ＿＿＿＿＿＿＿ 이다.

10. 좀 더 여유가 있다면 나는 ＿＿＿＿＿＿＿ 를 해보고 싶다.

11. 누가 뭐라고 하지 않는다면 나는 ＿＿＿＿＿＿＿ 를 만들어(해)보고 싶다.

12. 너무 늦지 않았다면 나는 ＿＿＿＿＿＿＿ 를 해보고 싶다.

13. 내가 가장 흥미를 느끼는 것은 ＿＿＿＿＿＿＿ 이다.

14. 언젠가 여건이 된다면 ＿＿＿＿＿＿＿ 를 배우고 싶다.

15. 좀 생뚱맞을지 몰라도 나는 ＿＿＿＿＿＿＿ 에 관심이 간다.

16. 실패해도 관계없다면 나는 ＿＿＿＿＿＿＿ 에 도전해보고 싶다.

17. 아무런 의무가 없다면 나는 ＿＿＿＿＿＿＿ 에 시간을 좀 더 많이 보내고 싶다.

답변을 해보니 어떤가요? 마음이 끌리는 활동이 떠올랐나요? 만약 빈칸을 채우기가 어렵다면 다음 목록에서 마음이 가는 취미를 골라보세요.

스포츠, 사교성 취미	등산, 클라이밍, 당구, 스킨스쿠버, 승마, 자전거, 캠핑, 스노보드, 마라톤, 서핑, 스케이팅
소비성 취미	쇼핑, 맛집 탐방, 인테리어
수집성 취미	카메라, 커피, 텀블러, 머그잔, 악기, 우표, 화폐, 수석, 레고, 원예, 구체관절인형, 프라모델, 피규어, 골동품, 그림, 직소퍼즐
창작적 취미	그림 그리기, 조각하기, 만화 그리기, UCC 제작하기, 작곡, 작문, 서예
일반적 취미	운동, 커뮤니티 활동, 드라마·영화 보기, 애니메이션·만화 보기, 독서, 스포츠 경기 시청, 공연 관람, 진시 관람, 음악 감상, 악기 연주, 시우나, 목욕, 반신욕, 애완동물 기르기, 수다, 요리, 노래, 여행, 명상

가장 마음이 끌리는 취미를 아래 칸에 적어보세요.

그리고 다음 일주일 안에 작은 발걸음이라도 떼어보세요. 해보지 않으면 모르는 법이니까요.

종이와 펜만 있으면 가능한 읽고 쓰기

쓰기로 위로받다

현주 씨가 글을 쓰기 시작한 것은 아이를 잃으면서다. 태어난 지 두 달 가까운 아이의 황달검사차 병원에 입원했다가 며칠 만에 아이가 하늘나라로 가고 말았다. 그녀는 자신에게 일어난 일련의 일들을 믿기도 받아들이기도 어려웠다. 슬픔과 혼란으로 힘겨운 날들이 이어졌다.

현주 씨는 어느 날부터 자신의 마음을 노트에 기록하기 시작했다. 무슨 일이 일어났는지, 자신이 무얼 느끼고 생각하는지를 적어나갔다. '나의 모험은 계속된다. 나의 모험이 남아 있기에 내가 아직 살아남은 것이므로'라는 문장으로 끝나는 현주 씨의 노트는 그녀가 고통을 넘어서는 버팀목이 되어주었다.

다섯 달 즈음이 지났을 때 그녀는 그 어두컴컴한 곳에서 나올 수 있었다. 그리고 임신을 했다.

정신없는 육아가 다시 시작되었다. 아이가 18개월쯤 되자 육아는 손에 익었지만 소통에 목말랐다. 종일 목 빠지게 기다린 남편에게 낮에 있었던 일들을 쏟아냈지만 남편은 생각만큼 열심히 들어주지 않았다. 쉴 새 없이 떠드는 두 아들을 키우는 지금은 남편의 마음이 고스란히 이해가 되지만, 그땐 그렇게 서운할 수 없었다. 남편에게 내가 얼마나 힘든지 이해받고 싶었다. 그래서 블로그에 글을 쓰기 시작했다. 여행작가 오소희, 《두려움 없이 엄마 되기》의 저자 신순화 등 선배 엄마들의 블로그를 읽으니 글을 쓰면 좋은 점도 많겠다 싶었다. "노후 보장 보험용으로 글을 쓴다"고 한 오소희 작가의 글에서 노년에 추억을 곱씹기 위해 기록을 해야겠다는 다짐을 했고, 신순화 작가의 블로그 초기의 단순한 글들을 보면서 '꾸준히 쓰면 나도 저렇게 내 생각을 분명히 표현할 수 있겠구나'라는 희망이 생겼다.

그렇게 시작한 블로그 글쓰기가 칠 년을 넘어간다. 처음에는 남편에게 이해받고 싶어 시작했는데 오히려 자신에게 큰 도움이 되었다. 글을 쓰다 보면 서운하고 속상했던 일들이 이해가 되었다. 남편과 시어머니에 대한 서운함도 사르르 사라졌다. 그것만으로도 좋았건만, 블로그는 그녀를 바깥 세상과 연결시켜주었다. 고된 육아를 마치고 컴퓨터 앞에 앉으면 그 곳에 다른 엄마들이 있었다. 블로그에서 댓글로 고민을 주고받다가 마음이 동한 어느 날은 직접 만나기도 했다. 마음이 통하는 몇과는 독서 모임을 꾸려서 돈독한 관계로 발전했고, 그중 몇은 오래 의지할 인생친구가 되었다.

그녀는 글쓰기로는 채워질 수 없는 빈틈을 독서로 메웠다. 글을 쓰다 보면 생각의 허점이 느껴질 때가 있는데, 그런 부분을 책을 읽어 채운 것이다. 자기 수준의 말밖에 없는 쓰기와 달리 읽기는 정확한 문장들을 던져줬다. 한 단락 분량의 내용이 한 문장으로 설명되는 걸 보고 있으면 감탄사가 절로 나왔다고 한다.

읽기는 나를 이해할 수 있는 또 다른 기회

쓰기에서 읽기로 발전한 현주 씨와 달리 심리상담사 수현 씨는 읽기부터 시작했다. 처음부터 고전을 읽었다. 결혼 전까지 전공서적만 읽었고, 네 살과 세 살 아이를 키우느라 그마저도 손을 놓았던 그녀가 고전을 집어든 것은 "일을 하지 않는 데다 정신까지 성숙하지 않으면 육아라는 틀에 매몰되어 나를 잃기 쉽다"는 꿈 분석가의 조언 때문이었다(상담사들은 직업적 전문성 확보 차원에서 자기분석을 위한 상담을 받아야 한다. 수현 씨는 둘째를 임신하고부터 일주일에 한 번씩 꿈 분석을 받았다. 그 시간이 유일한 '나만의 시간'이었다).

꿈 분석가는 수백 년간 많은 영혼을 울려온 문학이나 그림, 음악을 자주 접하라고 권했다. 음악은 취미가 없었고, 그림은 미술을 전공하긴 했지만 짬짬이 그리기도 어렵고 완성된 작품을 만들어야 할 것 같은 압박감이 들어 선택의 범위에서 밀쳐놓았다. 그래서 자연스럽게 고전을 선택하게 된 것이다.

그즈음에 수현 씨는 매일을 살아내느라 버둥거리고 있었다. 첫째 아이가 선천적인 결함 때문에 수술과 입원을 반복해 힘들던 차에 둘째가 태어나 차원이 다른 전쟁을 치러야 했다. 두 아이는 수면 습관부터 너무나 달랐고, 아이들은 점점 엄마인 수현 씨에게 매달렸다. 둘째가 두 돌이 될 때까지 그녀는 몸도 마음도 꼼짝없이 육아에 묶여 있었다. 그런 현실은 꿈 분석을 통해 여실히 드러났다. 분석가는 "학력에 비해 꿈에서 드러나는 세계가 너무 단조롭고 좁다"고 했다. 현실이 그랬다. 심리상담사이지만, 아이의 심리도 자신의 심리도 볼 여력이 없었다. 아이들 뒤치다꺼리를 하다 보면 하루가 금세 갔고, 자신을 돌볼 시간은 주어지지 않았다. 그렇게 그녀는 점점 빈껍데기가 되어갔다.

그런 그녀에게 고전은 탈출구가 되어주었다. 낯설고 어려운 고전을 읽는 건 여간 힘든 일이 아니었다. 그래서 이해가 안 되면 안 되는 대로 넘어가고 감정을 건드리는 부분만 주목해서 읽었다. 작가의 의도보다는 '내 의미 찾기'에 집중했다.

그녀에게 가장 큰 울림을 준 책은 《노인과 바다》였다. 현대화된 기술을 이용해서 많은 고기를 잡으러 바다로 가는 포획자들과 달리, 노인은 바다에서 오는 물결을 보러 바다에 나가는 사람이었다. 기껏 잡은 물고기를 다 뺏겨도 생명의 위험을 무릅쓰고 다시 고집스럽게 바다로 가는 노인이 처음엔 이해가 안 되었지만, 책을 다 읽고 나서는 바다가 주는 험난함까지 고스란히 받아들이는 노인의 지혜를 깨달을 수 있었다.

수현 씨는 자신도 포획자들 중의 하나였다고 고백했다. 원하는 것은 기를 써서 얻어내지만 원하지 않는 것은 받아들이지 못하는 자기주도적 성취주의자. 육아가 그토록 힘들었던 이유가, 때론 노력으로 안 될 수 있음을 받아들이지 못해서였는지도 모른다고 했다.

그녀가 공허함을 느끼고 지친 엄마들에게 고전을 권하는 이유는 분명하다. 고전이 주는 위로 때문이다. 옷차림이나 생활습관, 시대적 배경이 완전히 다른 시대의 얘기지만, 충격적이게도 사람 사이에서 겪는 일이나 관계 맺는 방식은 예나 지금이나 같다. 다른 시대의 같은 얘기를 읽으며 가족이나 주변 사람들에게 받지 못했던 공감을 받았고, 역사적인 공동체 의식과 연대감까지 느꼈다고 한다. '내가 혼자가 아닐 수도 있겠다'는 느낌은 어려운 고전을 읽어나갈 힘을 주기에 충분했다.

자주 가던 육아 카페에서 엄마들과 댓글을 주고받다가 아예 함께 고전을 읽을 엄마들 팀도 만들었다. 만날 시간은 낼 수 없으니 돌아가면서 카페에 리뷰를 올리기로 했다. 더디지만 한 달 한 달 시간이 흐르면서 리뷰는 쌓였다. 팀원들은 자기 식으로 고전을 곱씹고 소화한 내용을 올렸고, 각기 다른 시각과 통찰을 나누는 것이 고전 읽기의 맛을 더해주었다.

쓰고 읽기라는 행위를 통해 두 엄마는 자신을 위로하고 다른 엄마들과 연결되었다. 그러면서 좀 더 행복에 가까워졌다. 비용이 거의 들지 않고, 멀리 가지 않아도 되고, 자투리 시간에 하기 편하고, 배울 필요 없이 바로 시작할 수 있는데 자기 이해와 상처 치유까지 되는 이보다 유익한 취미가 또 어디 있을까.

정해진 시간, 정해진 방식, 규칙도 없다. 글이 막히면 잠시 쉬고, 울림이 없는 책은 덮고, 읽고 싶은 책을 읽고, 쓰고 싶은 글을 쓰면 된다. 그러다 보면 행복이 뒤따른다.

글쓰기를 시작하는 5단계

자신의 마음을 보듬고 싶다면 먼저 쓰기를 권합니다. 읽기는 다른 사람의 메시지를 듣는 데 그치기 쉽지만, 쓰기는 자기 속내를 드러내는 더욱 적극적인 행위이기 때문입니다. 쓰기를 선뜻 시작하지 못하는 이유는 내면의 비판자 때문입니다. '난 글 못 쓰는데', '글은 한 번도 써본 적이 없는데' 등의 목소리 때문이지요.

상처를 들여다보는 글쓰기는 글솜씨와 상관없이 '있는 그대로의 마음'을 '떠오르는 대로' 적는 것이 중요합니다. 솜씨보다 진솔함이 필요하지요. 다음과 같은 방식으로 쓰기를 시작해보세요.

❶ 작은 노트를 마련하세요.

❷ 잘 써지는 펜을 준비하세요.

❸ 매일 글을 쓸 시간과 장소를 정해보세요. 시간은 15~30분 정도면 충분합니다. 장소는 찾기 쉬우면서 마음이 편한 곳으로 골라보세요.

❹ 노트를 펼치고 마음에 떠오르는 생각을 거침없이 적어보세요. 맞춤법도, 논리적 전개도 중요하지 않습니다. 노트는 감정의 배설구입니다. 그러니 나오는 대로 내뱉으세요. 욕이 나오면 욕을 적고, 쓸 게 떠오르지 않으면 '쓸 게 없다'라고 쓰세요. 별다른 생각이 나지 않아도 손은 멈추지 마세요.

❺ 일정 기간 동안 누구에게도 보여주지 말고, 자기 자신도 노트를 들춰보지 마세요. 글에 대한 평가는 마음을 위축시킵니다. 그저 매일 일정한 시간에 노트를 채워보세요.

쓸 것이 아무것도 떠오르지 않는 날이라면 아래 질문에 대한 답을 마음이 흘러가는 대로 적어 보세요.

❶ 최근 스트레스 받는 일은 무엇인가요?

❷ 인생에서 가장 후회되는 것은 무엇인가요?

❸ 용서하기 어려운 사람은 누구인가요?

❹ 기대와 다르게 흘러가서 가슴 아팠던 일은 무엇인가요?

❺ 인생을 되돌린다면 어느 시점으로 돌아가고 싶으세요?

❻ 어릴 적 받았던 상처는 무엇인가요?

❼ 다시는 만나고 싶지 않은 사람은 누구인가요?

❽ 앞으로 인생이 어떻게 흘러가길 바라세요?

* 위 방식의 글쓰기에 대해 좀 더 자세히 알고 싶다면 줄리아 카메론의 책 《아티스트 웨이》를 참고하세요.

상처를 치유하는
내 안으로의 여행

나를, 주변을 바로 보게 되다

여섯 살과 세 살 아이들의 엄마이자 한의사로 일하는 리나 씨는 지난 오
년간의 '엄마 라이프'에서 가장 잘한 것으로 일 년간의 심리상담을 꼽았다.
첫째 아이의 분노 조절 능력에 문제가 생겨 놀이치료센터를 방문했는데,
상담센터에서 "엄마도 따로 상담을 받으세요"라고 권유해서 받게 된 심리
상담이 결과적으로 그녀에겐 새로운 인생으로 거듭나는 계기가 되었다.

리나 씨는 첫째 출산 후 석 달 만에 일터로 나가야 했다. 공부하는 남
편은 아직 수입이 없었고, 전문직인 그녀가 일을 구하기가 쉬웠던 탓이다.
세상에 나온 지 석 달 된, 아직 핏덩이 같은 아이를 낯선 손에 맡기는 어
미의 심정을 누가 알까. 아침 8시부터 저녁 7시까지 엄마와 떨어져 있는

아이가 안쓰러워 그녀는 직장에서도 집에서도 몸이 부서져라 일했다. 그러다가 월급 받고 일하는 것은 오래가지 못하겠다는 판단에 자기만의 일을 개척하기 위해 친정엄마에게 아이를 맡기고 해외 출장도 다녀오고 주말을 이용해 새로운 프로그램도 론칭했다.

그러다 둘째가 생겼다. 임신 중에도 그녀는 일을 줄일 수 없었다. 여전히 생계의 책임이 자신에게 있었고, 무책임한 남편을 원망하는 것도 지친 지 오래였다. 이제 아이가 둘이니 직장에서 더 오래 버텨야 했다.

그녀는 악착같이 일했다. 임신 이십 주를 갓 넘긴 어느 날, 그녀는 삼 일째 자리를 비운 원장을 대신해 종일 서서 일했다. '나 같은 종년 팔자에 호강이 웬 말이야', '임신한 게 뭐 벼슬이라고 쉬어'라는 심정으로 스스로를 가혹하게 대했다. 그런데 몸에서 신호가 느껴졌다. 자궁 수축이었다. 병원을 갔더니 위험하다고 해 입원을 했다. 병원에 있는 동안 배 속 아기는 1cm도 자라지 않았다. 결국 응급수술로 아이를 꺼내고, 신생아 중환자실 인큐베이터에 맡겨야 했다.

조산은 리나 씨에게 큰 충격이었다. 임신 초기에 피가 두세 번 비쳤는데도 무리하게 일한 자신이 원망스러웠다. 지난 이 년간 직장에서 인정받으려고 기를 쓰고 노력했던 자신이 미웠다. 스스로가 의료인이자 산모의 몸 관리 교육을 하던 전문가였기에 자괴감은 더 컸다. 그녀는 당장 직장을 그만두고 인큐베이터에 맡겨진 둘째에게 매달렸다. 다행히 둘째는 한 달 하고도 구 일 만에 무사히 퇴원했지만, 그 사이 첫째는 방치되었다. 둘째에 대한 죄책감과 두려움, 자신의 미련한 행동에 대한 후회, 몸의 회복 지연까지 복합적인 이유로 힘든 시간을 보내던 리나 씨에게는 첫째를 돌볼 여유는 없었다.

그런데 감정적·신체적으로 돌봄을 충분히 받지 못한 큰아이가 갑작스럽게 분노를 표출하기 시작했다. 어린이집 선생님과 상의 끝에 놀이치료를 시작했고 얼떨결에 리나 씨의 상담도 시작된 것이다.

친정엄마에게 어렵사리 아이들을 맡기고 상담사를 찾은 리나 씨는 평생 쌓아온 스트레스와 분노의 목록을 모두 검토했다. 격렬하게 분노가 터져 나오는 경험도 몇 번 했고, 남편에 대한 분노와 억울함도 여러 차례 있었다. 몇 해 전에 부부 갈등 때문에 상담을 받을 때는 남편에게 문제를 돌리고 자기의 내면은 보지 않는데 이번엔 달랐다. 문제를 자기 것으로 인정하고, 자기 안을 보았다. 그러자 자신에게 돈이 최우선순위가 아니며, 연애 시절에는 남편이 공부하는 모습을 참 좋아한 기억도 떠올랐다. 남편에 대한 애정이 되살아났다. 그래서 "여보, 지금 모습 그대로도 좋아"라고 고백도 하게 되었다. 아내의 인정을 받은 남편은 뜻밖에도 가족에게 헌신하기 시작했다.

자신과의 관계도 회복해갔다. 몇 번이나 마음속에서 울고 있는 자신을 만났고, 그때마다 일기장에 적으며 진심으로 안아주었다. 언제의 나인지,

왜 우는지는 모르지만 내면아이의 고통에 귀 기울였다.

우리 주변에는 마음의 상처가 방치된 채 아픈 마음을 끌어안고 사는 엄마들이 참 많다. 리나 씨는 심리상담의 필요성에 대해 이렇게 말했다.

"상담을 받으려면 애를 맡겨야 하고 돈이 드니 부담이 되긴 하죠. 그래도 이게 결코 이기적인 게 아니에요. 나를 객관화하고, 외면하던 모습을 직면할 수 있으니 돈 주고 남의 힘을 빌려서라도 해야죠."

마음속 갈등이 풀리니 온 가족이 행복해지다

상희 씨는 일과 육아를 병행하는 게 너무 힘들어서 코칭을 받았다. 아이가 네 살이 되면서 아이의 빛나는 성장을 가까이서 지켜보지 못하는 현실이 참기 힘들었고, 몇 달간의 고민 끝에 퇴사를 결심했다. 그러나 남편에게 숨겨둔 빚이 있다는 걸 우연히 알고선 퇴사를 강행할 수 없었다. 외벌이로는 갚아내기가 너무나 오래 걸릴 액수이기 때문이었다. 하는 수 없이 그녀는 퇴사하기로 한 마음을 접었다. 억지로 회사를 다녀야 해서 억울했고, 그런 상황을 만든 남편이 원망스러웠고, 곁을 지켜주지 못해 아이에게 미안했다. 그녀는 방법을 찾고 싶었다. 일을 하면서 아이와 함께 보낼 시간을 가질 수 있는 방법을.

처음 상희 씨를 만났을 때 그녀는 표정이 참 어두웠다. 말을 하다가 여러 번 눈가가 촉촉해졌고, 특히 아이와 얼마나 시간을 보내고 싶은지를 얘기할 땐 눈물이 터져 나왔다. 아이와 함께하고 싶은 간절함이 뜨겁게 느껴졌다. 코칭을 통해 우리는 '정말 원하는 것은 무엇인가', '앞으로 석 달 안에 어떤 변화를 만들어낼 것인가', '직업의 가치는 무엇이고, 일을 하는 이유는 무엇인가', '남편에 대한 불신을 어떻게 회복할 것인가'와 같은 문제들을 탐색했다. 상희 씨는 복잡하게 얽힌 생각들을 말로 풀어내면서 자신이 원하는 것을 찾아내기 시작했고, 실천할 에너지를 찾아갔다. 혼자였으면 자신을 비난하고 원망했을 텐데 코치의 질문에 답하면서 자기 안의 긍정적 의도에 더 가까워졌다.

코칭은 그녀에게 어떤 힘이 되었을까? 혼자 고민을 싸매고 끙끙대던 상희 씨는 터놓고 얘기할 상대가 생겼다는 사실을 가장 좋아했다. 전적인 지지를 보내며 경청해주는 사람은 그녀 인생에서 처음이라고 했다. 믿고 얘기를 하다 보니, 남편의 빚이 절망스러웠던 이유가 갚아나가야 하는 부담감 때문이 아니라 남편에 대한 신뢰 상실 때문이었다는 사실을 알게 되었다. 그 발견을 남편에게 얘기하고 나니 마음이 홀가분했다. 그녀는 '남편 때문에 하기 싫은 일을 억지로 해야 한다'는 피해의식에서 벗어나 무엇이든 자기 스스로 선택하는 것임을 깨달았고, 마지막 세션에서 '부족한 나'와의 화해 작업을 통해 최근 몇 달간의 근심과 좌절은 물론 수십 년 동안 쌓인 마음속 돌덩이까지 내려놓을 수 있었다. 지푸라기 잡는 심정으로 시작한 코칭은 그녀의 인생을 바꾼 중요한 계기가 되었다.

칼 융은 "해결하지 않은 문제는 언젠가 반드시 돌아온다"고 했다. 출산 전까지는 고민이 있어도 술 마시고 친구 만나 수다 떨면서 넘길 수 있지만, 엄마가 되고서는 더 이상 그럴 수가 없다. 내 안에서 갑작스레 튀어나온 분노를 해결하지 않으면 아이에게 가슴 아픈 상처를 주게 되고, 남편과의 갈등을 해결하지 않으면 화목한 가정을 이룰 수 없기 때문이다.

나의 정서적 상태는 아이에게, 그리고 가족에게 직접적인 영향을 미친다. 그러니 육아를 하면서 겪는 내외적 갈등은 해결하고 넘어가야 한다. 그렇지 않으면 삶의 어느 시점에 다시, 나아가 아이의 삶에서 더 추악한 모습으로 나타날 것이다. 자기 안으로 떠나는 엄마들의 여행을 응원한다.

가벼운 첫걸음 떼기

심리상담과 코칭은 기본적으로 비용이 들고, 기관별로 담당자별로 서비스 비용이나 서비스 질이 천차만별이어서 일괄적으로 정보를 드리기는 어렵습니다. 여기서는 경제 사정상, 거리상 제약이 있는 엄마들이 가볍게 첫걸음을 뗄 수 있는 방법을 소개해드립니다.

건강가정지원센터 (www.familynet.or.kr)

가족 문제로 상담이 필요한 사람이라면 해당 지역 센터를 통해 대면 혹은 전화로 무료 상담을 받을 수 있습니다. 전화 1577-9337, 혹은 홈페이지 내 '사이버 상담실'에 글을 남기면 상담사로부터 답변을 들을 수 있습니다. 개인상담, 집단상담, 부모교육도 대부분 무료로 진행됩니다.

내 마음 보고서 (http://www.mindprism.co.kr/Report/)

마인드프리즘에서 제공하는 서비스로 개인 맞춤형 심리보고서입니다. 가장 핵심적인 심리 특성 5가지, 심리 특성이 일상의 관계에서 나타나는 양상들, 스트레스와 우울경향성 등 정신의학적 컨디션, 심리 처방전, 스스로 완성해가는 셀프심리 워크숍이 실려 있습니다.

마인드 카페 앱

소통할 마땅한 사람이 없을 때 혹은 시간 맞춰 만나기 어려울 때 익명으로 속마음을 남길 수 있습니다. 남의 시선을 신경 쓰지 않아도 되기에 마음을 진솔하게 표현할 수 있으며, 다른 사람들의 솔직한 고민을 들으면서 위로받을 수 있습니다. 무료 심리검사가 제공되며 전문 심리상담사의 피드백을 받을 수 있고, 나를 돌아볼 수 있는 좋은 질문들을 만날 수 있습니다.

공감인 '맘프로젝트' (http://mom-project.org/momproject)

2013년 시작된 단체로 맘프로젝트(누구에게나 엄마가 필요하다)를 서울 자치구별로 운영하고 있습니다. 서울 시민을 위한 치유문화 조성 프로그램으로서 치유받고 공감받는 프로그램 '나편' (3시간 X 6주)에 무료로 참가할 수 있으며, 이후 치유자로 활동할 수 있습니다.

가슴 설레게 하는
내 일 찾기

짜증은 줄고 희망은 커지다

피아노를 너무 좋아했지만 부모님의 반대로 공대에 가야 했던 미혜 씨는 출산 전까지 국내의 내로라하는 대기업에서 핸드폰 만드는 일을 했다. 그런데 아무리 노력해도 좋은 성과를 내지 못했다. 심지어 자기 실력이 들킬까봐 조마조마했다. 육아휴직을 마치고 퇴사한 것은 어쩌면 자연스러운 선택이었다.

퇴사를 하고 두 가지 아쉬운 점이 있었다. 대출금에 대한 걱정과 더이상 명함이 없다는 허전함. 명함이 없다는 사실은 내 자리가 없다는 느낌을 주었다. 그래서일까? 육아도 쉽지 않았다.

아이를 예뻐하면서도 육아를 힘들어하는 이유를 곰곰이 생각해보니

'엄마' 외에 자기를 증명할 것이 아무것도 없어서였다. 그녀는 뭐라도 해야겠다는 압박감이 들었다. 음악을 좋아하기에 우쿨렐레 자격증을 땄고, 라이어라는 악기를 일 년간 배웠다. 그 압박감은 아이가 어린이집에 다니기 시작하면서 배로 커졌다. 뭔가 생산적인 일을 시작해야 할 것 같았다. 육아와 살림만 하는 게 남편에게 미안하기도 했다.

아이가 어린이집에 등원한 지 두 달째 되는 날, 어린이집에서 알게 된 엄마와 얘기를 나누다가 '피아노 학교'에 가보라는 조언을 들었다. 졸업해서 레슨도 할 수 있고, 꼭 그렇지 않더라도 피아노를 좋아하니 학교에 다니는 것만으로도 의미가 있을 거라고 했다. "말도 안 돼. 스무 살짜리 애들이랑 어떻게…. 그리고 시험을 어떻게 쳐?"라고 대꾸했지만, 그녀의 가슴은 이미 뛰고 있었다. 잠이 안 오고 자꾸 컴퓨터에서 학교를 검색했다. 열정만으로 도전할 나이가 아니었다. 미혜 씨는 먼저 자신의 피아노 실력을 검증받기로 했다. 피아노 선생님을 소개받아 테스트를 받아보았다. "실력이 녹슬었다"고 하면 그만둘 참이었는데, 다행히 선생님은 "한번 해보자"고 했고 입학시험 준비를 위해 바로 두 달간 레슨을 받았다.

미혜 씨가 고른 학교는 서울에 위치한 한 대학의 콘서바토리(실무 위주의 음대)였다. 수능 시험을 칠 필요가 없고, 교양과목을 듣지 않아도 되고, 전공과목에 집중하면서 과목 수만큼의 학비만 내면 되는, 그러면서도 4년제 대학 학위가 나오는 곳이었다. 두 달간 미친 듯이 연습에 매진한 그녀는 실기시험까지도 리허설을 해가며 치밀하게 준비했다. 결과는 합격이었다.

한 학기를 마친 소감을 묻자 "스무 살짜리 아이들을 제치고 제가 반에서 1등을 했어요. 절실하니까 되더라고요. 공부는 필요할 때 하면 된다는 걸 톡톡히 깨달았어요"라고 했다. 스무 살 학생들은 연애도 하고 싶고 놀고도 싶었겠지만, 그녀에겐 육아와 피아노 두 가지뿐이었다. 시작하기 전에 가졌던 두려움도 이젠 사라졌다. '이 나이에 무슨~'이 아니었다. 백세 시대에 아직 3분의 1밖에 지나지 않았으니 무슨 도전을 해도 되겠다는 자신감이 생겼다.

신기한 일은, 피아노 공부를 다시 시작하겠다고 결심한 순간부터 아이를 향하던 화가 드라마틱하게 사라졌다는 점이다. 난생 처음 기관 생활에 적응하느라 아이는 어린이집에 다녀오면 짜증을 많이 냈는데 자신의 진로 고민 때문에 불안한 그녀는 아이의 짜증을 받아주기는커녕 맞받아치기 일쑤였다. 그런데 이젠 그러지 않는다. 자신이 좋아하는 걸 하게 되니 아이와의 시간도 즐겁기만 했다. 집에서 학교까지 한 시간 반이나 걸리지만 피곤하지 않았다. 남들은 이 년이면 졸업하는 학교를 자신은 아침 9시 수업을 들을 수 없어 사 년 후로 졸업을 예상하고 있지만 그것도 괜찮다. 학교를 마치고 나면 학원을 열거나 개인레슨을 해서 벌이도 생길 테니 기꺼이 투자할 만하다는 생각이 들었다.

일은 나의 일부

7개월 된 아이를 키우는 효주 씨는 케이크 디자이너다. 대기업에서 케이크를 개발하는 일을 하다가 임신을 위해 직장생활을 정리했다. 집에서 쉬기 시작한 지 한 달이 지나면서 몸이 근질거려 임신을 기다리며 일을 슬슬 벌였다. 일 년 뒤 임신 소식을 듣게 되었을 때는 이미 일하는 재미에 폭 빠져 있었다. 플라워케이크 분야에서 전문성을 갖춘 협회도 창립하고, 베이킹 수업도 꽤나 인기 있어 일을 멈추고 싶지 않았다. 아니, '일을 그만둔다'는 생각 자체가 그녀의 선택지에는 없었다. 그녀는 출산 후에도 일을 계속 할 방책들을 마련했다. 집에서 삼 분 거리에 작업실을 마련해 베이킹 교실을 열었고, 출산 후 책을 내려고 출판사와 계약도 해뒀다.

백 일간의 자체 산후휴가를 마친 그녀는 아침 10시에 출근해 오후 4시경까지 사무실에서 일한다. 집에 가서 아이와 놀고 먹고 재우고 나서 집안일을 마무리하고, 밤 11시경부터 다시 일을 하다 새벽 2시경 취침한다. 그녀의 평균 수면 시간은 다섯 시간. 그나마도 아이가 한두 시간마다 깨서 조각잠을 자고, 부족한 잠은 낮에 잠깐씩 채운다.

그녀가 조각잠을 자면서라도 일을 할 수 있는 것은 주변의 지원 덕분이었다. 우선 친정엄마가 평일에 상주해서 아이를 봐준다. 남편은 50% 정도의 집안일과 20% 정도의 육아를 맡아준다. 주변에서도 '일하는 엄마라서 참 멋지다'며 응원을 많이 해준다. 특히 집에서 삼 분 거리에 있는 작업장 덕분에 아직 수유 간격이 짧은 아기에게 달려가 젖을 먹이는 것도 문제가 없다. 아기와 물리적으로 가까이 있으니 덜 미안하고, 덜 불안하다. 엄마가 일과 육아를 병행할 때 가장 필요한 것이 뭐라고 생각하는지를 묻자 그녀는 "직장어린이집처럼 아기를 가까이에서 돌볼 수 있는 시스템이 필요하다"고 했다.

앞선 준비와 주변의 지원에도 불구하고 육아와 일을 병행한다는 것은 녹록하지 않다. 항상 불안감을 끌어안고 살아야 한다. 태어나서 여섯 달이 지날 때까지도 잘 안 웃는 아기를 보며 그녀는 많이 불안했다고 한다. 태교를 잘못했다는 죄책감에 '잘 안 웃는 아기', '엄마를 싫어하는 아기'로 검색을 수없이 했다. 나의 의지나 필요, 계획과 상관없이 아이의 생존을 위해 24시간 대기해야 한다는 것도 그녀를 힘들게 했다. 그래서 시간은 조각났고, 일에 집중하기가 어려웠다.

친정엄마와는 도움을 받은 만큼 갈등도 컸다. 그녀는 책에서 배운 지식, 인터넷에서 검색한 정보대로 해달라고 요청했지만 친정엄마는 "책대로 되는 게 아니야"라며 자신의 스타일대로 아기를 대했다. 아기가 자기보다 친정엄마와 더 잘 지내는 것도 괴로웠다. 엄마인 자신보다 할머니를 볼 때 더 많이 웃는 아기를 보면 질투도 났다. 어느 날엔가 효주 씨의 지적에 친정엄마도 기분이 상했는지 "야, 그럼 너네 엄마한테 가"라며 아기를 밀었다. 그간의 서러움과 외로움이 터져버린 효주 씨는 "엄마가 그렇게 하면 나도 서운해"라며 감정을 털어놓았다. 딸의 속마음을 알게 된 친정 엄마는 "너네가 하자는 대로 해야지"라며 효주 씨의 의견을 존중해주었고, 효주 씨는 아기가 주양육자와 좋은 애착관계를 맺으면 자신을 비롯해 다른 사람과도 안정적으로 애착을 맺을 수 있다는 사실을 알고 일인자 자리를 엄마에게 양보했다.

효주 씨가 조각잠을 자고 친정엄마와의 갈등을 겪으면서까지 일을 하는 이유는 일이 자신의 일부이기 때문이다. 그녀에게 일은 팔이나 다리 같은 신체 부위만큼 중요하다. 모임, 여행이나 스키는 모두 포기했지만 일은 결코 내려놓을 수 없었다. 아이는 세 살이 될 때까지 엄마가 끼고 있어야 한다는 이론에 대해 그녀는 "아기한테는 좋지만 엄마한테는 족쇄가 될 수 있다"고 말했다. 기질적으로 육아가 잘 맞는 엄마라면 할 수 있지만 자기는 그런 유형이 아니며, 자기 주변에도 그럴 수 있는 엄마는 별로 없다고 했다. 그래서 그녀는 일을 계속 해나갈 생각이다. 다만 좀 더 효과적으로 일하는 방법을 고민하고 있다. 책을 내서 인지도를 쌓고, 수업을 직접 하기보다는 강사를 양성할 계획이다.

나를 행복하게 하는 일

우리 아이는 두 돌 반이 됐을 때부터 기관에 다녔다. 세 돌까지 끼고 있으려다 시기를 조금 앞당겼다. 예정보다 빨리 일을 시작했기 때문이었다.

알고 보니 나는 일 없이는 살 수 없는 사람이었다. 아이와 함께 있는 시간이 좋았지만, 그것이 내 행복의 충분조건은 아니었다. 나는 글쓰기를 좋아하고, 책 읽기를 좋아하고, 누군가에게 지식과 깨달음을 전하는 데서 힘을 얻는다. 그런 사람이 임신부터 아이 두 돌까지 약 삼 년간 가족만 돌본 것은 기적이었다. 나는 다시 일이 하고 싶어졌다. 사회 속으로 들어가 돈을 벌고 나의 효용가치를 확인하고 경력을 이어가고 싶었다. 그 사이 훌쩍 성장한 동료와 후배들을 보니 가슴에서 뜨거운 열기가 올라왔다. 멈춰 있던 나의 일을 되살리고 싶은 마음이 간절했다.

아이는 기관 생활을 하기 시작한 처음 몇 달 동안 하루에 세 시간을 어린이집에 머물렀다. 나는 시간 활용의 달인으로 등극이라도 하려는 듯 바삐 움직이며 시간을 촘촘히 썼다. 당연히 몸이 상했다. 그러나 마음은 충만해졌고 정신은 또렷해졌다. 한마디로, 살아 움직였다. 몇 시간 만에 만난 아이는 더 사랑스럽고 애틋했다. 아이에 대한 몰입도도 높아졌다. 지금 돌아봐도 잘한 선택이다.

엄마 전용 라디오방송 〈맘스라디오〉의 김태은 대표는 육아를 '나를 돌아보는 황금기'라고 정의한다. 아기를 안는 것이 힐링이고, 아기를 토닥이는 것이 나를 토닥이는 것이고, 아기를 안고 사랑하는 것이 나를 안고 사랑하는 것이라고 한다. 또 이때야말로 돈, 사회적 인정, 경력을 떠나서 처음으로 '내가 잘하는 게 뭔지'를 근본적으로 질문하게 되는 때라고 한다. 생계의 책임이 없다면 가볍게 시작해서 테스트해볼 수도 있다. 아이 낳고 취미로 떡 케이크를 배우러 갔다가 창업한 엄마, 아이를 잠깐씩 맡기고 배운 헤어스타일링 기술로 방송메이크업 일을 시작하게 된 엄마 등의 사례를 들려주며 엄마가 되면 경력은 단절될지 모르지만 자기만의 콘텐츠가 시작된다고 강조했다.

행복한 일의 조건은 세 가지다. ❶좋아하고 잘하는가? ❷보상과 인정이 충분한가? ❸타인의 행복에 기여하는가? 이 세 가지를 모두 충족한다면 '천직'이다. 두 가지가 해당된다면 '좋은 직업'이다. 한 가지 조건만 충족한다면 길게 유지하기 어려운 일이다. 다른 조건을 더 충족시킬 방법을 찾아야 한다. 누구나 좋아하는 일을 하면서 살고 싶어 하지만 그러질 못한다. 일과 육아를 병행하기 어려운 사회 여건 때문이기도 하고, 보다 근본적으로는 자신이 좋아하는 것이 무엇인지 모르기 때문이다. 좋아하는 일이 무엇인지 모르면서 백세 시대를 살 수는 없다. 우리 자신을 구성하는 핵심 중의 하나가 일이기 때문이다.

현재 일을 하고 있다면 그 일에서 '좋아하고 잘하는' 요소를 극대화할 방법을 찾고, 일을 중단한 상태라면 원점부터 다시 생각해보자. 두 경우 모두 필요한 질문은 한 가지다.

"당신은 무슨 일을 할 때 행복한가?"

일이 그리워진 당신을 위한 가이드북

행복하게 오래 할 수 있는 일을 찾고 싶으신가요? 훌륭한 안내자가 되어줄 책을 소개합니다.

다시, 일이 그리워질 때(이재은·유다영 지음, 책비, 2017)

다시 일하고 싶어도 막막함과 두려움에 멈칫거리고 있는 엄마들을 위한 친절하고 치밀한 책이에요. 일과 육아를 다 잘하고 싶은 엄마, 생계를 위해 일해야 하는 엄마, 자아성취형 일을 원하는 엄마, 지금의 일을 계속 하고 싶은 엄마들을 위한 구체적인 상담이 실려 있어요. 창업과 취업 두 가지를 모두 촘촘히 다루고 있어요.

엘리먼트(켄 로빈슨·루 애로니카 지음, 21세기북스, 2016)

엘리먼트란 재능과 열정이 만나는 지점을 뜻해요. 이 책에선 파울로 코엘료, 리처드 파인만, 폴 매카트니, 리처드 브랜슨 등 잘하면서 좋아하는 일을 찾은 세계 명사들이 일을 찾아간 경로를 밝히고 있어요. 다양한 이야기를 통해 자신의 재능과 열정에 대해 생각해볼 수 있습니다.

나는 무엇을 잘할 수 있는가(구본형 변화경영연구소 지음, 고즈윈, 2008)

자기경영 전문가이자 선구적인 1인 기업가인 고 구본형 소장이 제자들과 함께 쓴 책이에요. 스트렝스파인더 강점검사나, STRONG 직업 흥미검사 등 공식화된 설문도구들 외에 '다소 느리지만 확실한' 강점 발견 6가지 방법이 소개되어 있어요. 자신에게 적합한 한두 가지를 선택해서 자신의 강점을 찾아보세요.

인포프래너(송숙희 지음, 더난출판사, 2012)

안정된 직장을 박차고 나와 야생의 정글에서 살아남기 위해 고군분투한 16년간의 경험이 녹아들어간 책이에요. 잘하고 좋아하는 일로 돈 벌며 평생 현역으로 살 수 있는 로드맵이 실려 있는데요. 조직으로 돌아가기 싫고, 투자금이 많이 들어가는 창업도 할 수 없다면 인포프래너에 대해 알아보세요. 제가 기껏 찾은 코칭이라는 일에서 흔들렸을 때 제 안의 불을 다시 질러준 고마운 책이랍니다.

'온전한 나'로 돌아가는
하루 한 시간

    엄마들을 위한 책을 쓰겠다고 마음을 먹고 출간이 되기까지 이 년 반이 걸렸다. 그 사이에 원인 모를 통증, 출간 계약 파기 그리고 두 차례의 유산을 겪었다. 그때마다 무너지는 자신을 보면서 이 책을 쓸 자격이 있는지 묻기도 했다. 그러나 멈출 수가 없었다. 내 삶의 변화에서 얻은 소중한 가치를 엄마들과 나누고 싶어서다. 그 가치란 다름 아니라 '존재대로 사는 삶'이다.

    사 남매 중 셋째였던 나는 어릴 적부터 유난히 사랑을 고파했다. 친정 엄마 말씀으로는 "엄만 왜 나만 미워해?"라는 말을 곧잘 했단다. 엄마가 왜 나만 미워했겠나. 아니란 걸 알면서도 부족한 관심에 서운한 마음을 그렇게 표현했던가 보다. 첫째는 장녀, 둘째는 아들, 동생은 막내라는 '신분'이 있었으나 나는 어정쩡했다. 동생이니까 언니오빠 말 들으라고 하고, 언니니까 동생한테 양보하라고 하면 어린 마음에 서러웠다. 풀 데가 없었던 그 서러움은 무의식 저 깊은 곳으로 점차 가라앉았고 나는 내 존재 가치에 자신이 없었다.

자존감을 키우고 싶다는 엄마들이 많다. 자존감은 천천히 쌓인다. 몇 달 안에 도달할 수 있는 목표가 아니다. 종착점이 따로 있는 것도 아니다. 그러나 오래 걸린들 어떤가. 내가 편해지고 덤으로 아이까지 좋은 영향을 받으니 이보다 가치 있는 투자가 어디 있는가.

우리는 남들처럼 살기 위해 세상에 오지 않았다. 그런데 어느 순간부터 남들처럼 살지 못해 안절부절못한다. 스스로 평범함을 자초하고 자기 안의 능력을 그대로 묻어버린다. 남들이 애정 없이 툭툭 내뱉는 말에 상처받고 자신을 채찍질한다.

모든 인간은 이 땅에 존재하는 특별한 이유가 있다. 가장 나다움으로 너에게 기여하는 것이 그것이다. 나다움을 찾고 나답게 살기 위해선 주변의 비난과 질책쯤은 감수하자. 나다움을 사장시킨 이는 다른 이의 특별함을 견디지 못한다. 그래서 특별해지기 위한 노력, 나다워지고자 하는 시도를 시기하고 깎아내린다.

부디 엄마들이여, 자신만의 특별함을 찾아라. 남편이 인정해주지 않더라도, 스스로 의심이 들더라도 찾아질 때까지 찾아라. 그래서 한 번뿐인 인생을 의미 있게 만들어라.

그러니 자신을 위해 하루에 한 시간을 써라. 그 시간만큼은 온전히 자신에게 집중하라. 나다운 육아를 해라. 육아 동지를 만들어라. 하고 싶은 것, 잘하는 것을 찾고 기록을 남겨라. 아이가 엄마 손을 떠날 미래를 차곡차곡 준비해라.

육아는 자신에 대해, 관계와 삶에 대해 배울 수 있는 가장 좋은 기회다. 아이를 키우는 것이 아니라 나를 키우는 것이다. 육아를 통해 자신을 찾고, 아이가 자기답게 커가도록 해라. 로봇으로 대체되지 않는 길은 가장 인간다워지는 것, 가장 나다워지는 것이 아니겠는가?

책이 나오기까지 헤아릴 수 없는 도움을 받았다. 기꺼이 추천사를 써주신 문요한 선생님, 이유남 코치님, 책을 쓸 용기를 주신 오병곤 사부님과 영구 멤버들, 항상 뜨거운 사랑과 지지를 보내준 조정화 코치님, 강원화 코치님, 홍성향 코치님, 묵은 감정을 털어버리도록 도와주신 문영철 코치님, 몸과의 화해를 도와주신 모미나 선생님, 코칭의 세계로 안내해 주신 폴정 박사님, 코칭을 처음 맛보게 해주신 윤순옥 코치님, 1인 기업 가로서 존경스런 역할모델이 되어주신 고 구본형 선생님, '엄마'와 '나' 사이에서 완벽한 균형을 보여주신 선배엄마 오소희 작가님, 새벽의 영웅이 되도록 도와준 승완 오빠에게 감사를 전한다.

책에 자신의 이야기를 싣도록 허락해준 엄마들에게도 감사하다. 그리고 친정언니처럼 따뜻하게 품어준 지윤 엄마와 엄마처럼 시원이를 돌봐준 주형 엄마도 고맙다. 책의 가치를 알아봐 준 길벗 출판사 담당자들에게도 감사하다. 가족들의 도움 또한 컸다. 살갑지 못한 며느리를 사랑으로 품어주신 시부모님, 한결같이 나의 책을 기다려준 친정엄마, 처음 만난 순간부터 지금까지 내 인생 최고의 지지자인 남편에게 사랑을 전한다.

4장에서 '마지막 편지'를 소개했었다. 나의 '마지막 편지'를 읊는 것으로 이 책을 마무리한다.

시원이에게

　시원아. 길었던 만큼 풍성했던 인생을 마치며, 소중한 너에게 고마움과 당부를 전하기 위해 편지를 남긴다.

　이 년의 기다림 끝에 네가 찾아왔을 때 엄마와 아빠는 부둥켜안고 울었다. 열 달 동안 금이야 옥이야 소중히 품었던 네가 태어났을 때도 엄마는 네 몸 구석구석을 만지며 눈물을 흘렸다. 엄마아빠 곁으로 와준 네가 고맙고 소중해서.

　엄마는 너와 함께 아침에 눈을 떠 이불에서 뒹구는 것이 좋았다. 조잘조잘 미주알고주알 말하는 너와 대화를 나누는 것이 좋았다. 네가 한걸음 뗄 때마다 내 일마냥 기뻐서 박수쳤다. 너의 모든 첫 순간을 기억한다. 첫 등원, 첫 등교, 첫 졸업, 첫 해외여행, 첫 생리, 첫 남자친구. 엄마도 다 처음이라 서툴고 조심스러웠지만, 그래서 시행착오도 겪었지만 너는 서툰 나를 충분히 받아주었다. 고맙다, 시원아. 너의 밝음과 너의 또랑또랑함과 너의 진지함을 온 마음을 다해서 사랑한다.

시원아. 네 인생 이미 충분히 잘 이끌고 있지만 지난 세월 엄마가 깨달은 것도 나누고 싶구나. 들어보겠니?

첫 번째는 사람에 대해서야. 그 어떤 얘기라도 나눌 수 있는 벗 네다섯 명이 있다면 성공한 인생이다. 네가 곤란에 처했을 때 발 벗고 나서줄 벗, 네가 잘못하고 있을 때 눈을 보며 너의 잘못을 얘기해줄 벗, 그 벗이 너를 지켜줄 것이다. 그런 벗을 찾기가 어렵다면 네가 그런 벗이 되어주렴. 나를 좋아하게 만드는 비법은 네가 그를 좋아하는 것이니까. 믿고 따를 스승도 찾으렴. 일에서의 스승, 인생에서의 스승, 엄마의 삶에서의 스승을 모두 찾으렴. 스승의 어깨에 올라타서 세상을 보면 네 고민도, 네 난관도 수월하게 넘어설 수 있을 게다.

두 번째는 일에 대해서야. 일을 선택할 때는 꼭 하고 싶은 일을 하렴. 너를 흥분시키고, 도전의식을 불러일으키고, 계속 해도 지루하지 않겠다 싶은 그런 일을 선택하는 것이 좋다.

선택한 이후에는 성실하게 임해라. 훈련이라 생각하고 매일 반복하렴. 좋아하는 일이니 그리 하기 쉬울 것이다. 그러나 성실이 뒤따르지 않는다면 그저 아마추어에 그치고 말 거야. 열정과 성실이 만나면 재능이 된다. 일은 너를 실현하는 가장 중요한 수단이란다. 좋아하는 일로 너 자신을 빛나게 하려무나.

세 번째는 너 자신에 대해서야. 네가 어린 아가였을 때 자주 들려주던 말 기억나니? 엄마는 네 귀에 이런 말을 하곤 했어.

"시원아, 넌 세상 그 누구와 다른 너만의 고유함을 지닌 특별한 존재야. 엄마아빠는 너의 존재 자체에 감사하고 사랑한단다. 네가 가진 재능과 특별함으로 세상이 좀 더 나아지는 데 기여하면 좋겠어. 그럴 수 있도록 우리가 응원하고 도와줄게."

그 마음은 변함없단다.

너의 가치를 믿으렴. 현재의 네가 다가 아니다. 너에겐 세상 누구도 모르는 빛이 있어. 도전하렴. 실패하렴. 딛고 일어서렴. 빛이 나올 거야.

둘째 아이를 키우면서 목소리가 커졌습니다. 많이 힘들었나 봅니다. 첫째와 달리 예민하고 자기주장이 강한 둘째 때문에 마음에 화가 쌓였던 것 같습니다. 이 책에서 권유한 대로 나를 돌아보는 시간을 가져봤습니다. 내가 좋아하던 일, 하고 싶었던 일들을 까맣게 잊고 있었더라고요. 그래서 두 돌이 안 된 둘째 아이를 어린이집에 보냈습니다. 다시 독서 모임에 참여하고 서평단, 시민기자단 등 평소 하고 싶었던 나만의 활동을 시작했습니다. 그러고 나니 하루하루가 설렜습니다. 비록 집은 엉망인 날이 많아졌지만 내 마음에는 꽃이 피는 날이 늘었습니다. 둘째의 울음도 달랠 만해지고, 첫째도 엄마가 예뻐졌다고 말합니다. '나=엄마'이기보다 '나〉엄마'가 되어 역할을 선택하니 조금 부족해도 편한 마음으로 아이를 돌볼 수 있게 되었습니다. '완벽한' 엄마와는 거리가 있겠지만, 일상을 즐기는 엄마를 보면서 아이들도 스스로 씩씩하게 자랄 수 있지 않을까 생각해봅니다.

문진영 (은재, 민재 엄마)

밤낮이 바뀐 아이의 울음과 졸음 사이에서 사투를 벌이던 밤을 생각하면 지금도 아찔합니다. 말로만 듣던 육아의 괴로움을 단기 속성 코스로 알아버린 뒤로는 세상의 모든 엄마들을 존경하게 되었죠. 하지만 그 시간마저도 자신을 위한 성장의 밑거름으로 승화시킨 엄마를 이 책에서 만나게 되었습니다. 육아라는 거친 파도에 뛰어든 엄마들을 다독이고 등을 떠밀며 먼 곳을 바라보라고 말해주는 이 책을 좀 더 일찍 만났다면 좋았을 텐데 하는 마음이 들었습니다. 몇 년이 지나도 엄마라는 역할에 좀처럼 익숙해지지 않는 나를 위해 이 책이 알려주는 대로 인생곡선을 그려보고 1년 뒤의 일기를 적어봅니다.

우보현 (수정 엄마)

'전쟁 같은 육아'를 끝내는 길이 다름 아닌 자기를 돌보고 사랑해 주는 것이라는 말이 인상적이고 공감되었습니다. 처음부터 엄마로 태어나지 않았기에 서툰 부모임을 인정하고 아이와 함께 커간다는 마음으로 내 마음을 들여다보았습니다. 내 안의 나를 알아주고 이해해주고 토닥이며 하루 한 시간을 또 하나의 내가 되는 시간으로 잘 가꾸어보려고 합니다. 충분히 행복해진 엄마로 아이를 대하기 위해서 내가 무엇을 할 때 가장 행복했는지 떠올리는 일을 게을리하지 않아야겠어요. 그리고 아이와 함께 크기 위해서 소중한 '나만의 시간'을 갖는 여유를 늘 부려야겠습니다.

이미진 (준서, 서정, 현서 엄마)

'5분 단위 계획녀'였던 저는 출산 후 제 의지대로 시간을 쓸 수 없다는 현실에 맞닥뜨리면서 아주 힘들었어요. 자연히 스트레스가 심해졌고, 짜증이 많이 났습니다. 그리고 점점 '그냥' 살게 되었습니다. 이런 제게 '엄마의 시간'을 온전히 쓸 기회가 왔습니다. 바로 아이가 어린이집을 다니기 시작한 것이지요. 등원이 확정된 날부터 어떻게 시간을 보낼지 고민했지만, 무엇을 해야 할지 몰랐

던 때 이 책을 만났어요. 어쩜 하나부터 열까지 모두 제 이야기 같았고, 제게 꼭 필요한 조언이었습니다. 지금 저는 영어 공부를 다시 시작하고, 관심이 있던 수채화를 배우고 있습니다. 주위 사람들에게 편지를 써서 보내기도 하고, 친정엄마와 남편에게는 애정표현도 과감히 합니다. 그래서일까요? 요즘 아이에게 더 너그러워지고 여유 있는 행복한 엄마가 된 것 같습니다.

이수연 (유진 엄마)

엄마로 살다 보니 돌보는 것만 익숙하고 돌봄을 받는 것에는 익숙하지 않았어요. 하지만 계속 희생하거나 내 것만 강요하는 것이 아닌 서로의 욕구를 조화시킬 수 있는 지혜를 얻고 싶었고, 내가 원하는 바를 잘 표현하고 싶었고, 잃어버린 나만의 시간을 찾아 활동하며 내 꿈과 아이 육아 및 교육을 함께 해나갈 미래를 계획하고 있을 때 이 책이 다가왔습니다. 잘하고 있다고 칭찬받고, 잘해

왔다고 위로받고, 앞으로 더 잘될 것이라고 응원을 받았습니다. 다른 분들도 이 책과 함께 나의 시간, 엄마로서의 시간을 코칭받으면 좋겠습니다.

이연곤 (수민 엄마)

 마음속에 그려온 '더 좋은 엄마', '완벽한 워킹맘'이 되려고 365일 쉼 없이 달려서일까요? 때론 일에, 때론 육아에 치여 힘들던 차에 이 책을 만났습니다. '난 언제 즐거웠지?' 하고 스스로에게 물으며 기억을 더듬어보았지만 뿌연 안개처럼 희미하기만 할 뿐 잘 모르겠더군요. 이 책을 읽으며 하고 싶은 것이 많던 이십대의 내가 생각났습니다. 그리고 꿈 많던 그 소녀의 모습이 내 아이의 미래 모습이길 소망하며 아이와 함께 버킷 리스트를 만들고 있습니다. 하루 한 시간으로 내 행복을 리모델링하는 계기를 만들어준 이 책이 모든 엄마의 마음에 용기 씨앗을 뿌려주기를 고대합니다.

이희주 (민재 엄마)

'무슨 일이 있더라도 만 3세까지는 엄마가 키워야 한다'는 육아서의 충고를 실천하려고 비장한 각오로 육아하던 보통 엄마였습니다. 그러나 경력이 단절될까 두려운 마음에 업무 관련 서칭을 하다 운 좋게도 면접 기회를 얻었습니다. 면접을 기다리며 회사 1층 카페에서 커피를 마시는데 갑자기 '이렇게 내 시간을 가져본 게 얼마 만인가?' 하는 생각이 들었습니다. 집에 오면서 '복직을 꼭  해야겠다'라고 마음먹었고, 현재 일을 하고 있습니다. 매일매일 힘겹지만 출퇴근 시간과 점심시간에 나만의 시간을 가질 수 있어 행복합니다. 짧은 시간이지만 에너지는 충분히 채워졌고, 그 에너지로 아이에게 열 시간보다 더 소중한 한 시간을 선물하고 있습니다. 이 책을 읽으며 '나만 이렇게 사는 게 아니구나, 다행이다' 하고 안도했고, 단지 나만을 위해서가 아니라 아이를 위해, 가족을 위해 나만의 시간을 꼭 가져야겠다고 생각했습니다. 이 책은 아기를 키우는 엄마만 읽어야 하는 흔한 육아서가 아니라, 엄마의 시간을 만들어줄 수 있는 엄마 외의 모든 가족이 읽어야 할 책입니다.

정지윤 (두부 엄마)